Illustrator

从入门到精通

H.D.百科联盟　编著

化学工业出版社

·北京·

内容简介

Illustrator是设计领域常用的软件，本书采用"基础知识+课堂练习+综合实战+课后作业"的结构，全面系统地讲解了Illustrator的基本操作方法与应用技巧，充分满足Illustrator入门与精通的需求。

本书通过精美、详细的图文介绍了Illustrator的核心应用功能以及常用的操作方法，主要包括Illustrator相关基础知识、基础绘图工具、图形对象的编辑、文字的应用与编辑、高级绘图工具、填充与描边、图层和蒙版的应用、特殊效果组、外观与样式、打印输出和Web图形等内容。

本书内容丰富实用，知识体系完善，讲解循序渐进，操作步步图解。同时，本书配备了极为丰富的学习资源，非常适合Illustrator初学者及爱好者、平面设计和插画设计师自学使用，也可作为相关院校及培训机构的教材及参考书。

图书在版编目（CIP）数据

Illustrator从入门到精通/H.D.百科联盟编著. —
北京：化学工业出版社，2024.5
ISBN 978-7-122-45597-0

I.①I… II.①H… III.①图形软件 IV.
①TP391.412

中国国家版本馆CIP数据核字（2024）第091190号

责任编辑：曾　越　耍利娜
责任校对：王　静　　　　　　装帧设计：张　辉

出版发行：化学工业出版社
　　　　　（北京市东城区青年湖南街13号　邮政编码100011）
印　　装：北京瑞禾彩色印刷有限公司
787mm×1092mm　1/16　印张14　字数342千字
2024年7月北京第1版第1次印刷

购书咨询：010-64518888　　　　售后服务：010-64518899
网　　址：http://www.cip.com.cn

定　　价：99.00元　　　　　　版权所有　违者必究

前 言

1. 为什么要学习 Adobe Illustrator

Adobe Illustrator 是一款图形处理软件，它以强大的矢量图形编辑功能而著称，可以帮助用户轻松创建、编辑和修改各种矢量图形，如线条、圆圈、多边形和曲线等，主要应用于印刷出版、海报书籍排版、专业插画、多媒体图像处理和互联网页面的制作等领域。

Adobe Illustrator 提供了丰富的工具集，包括画笔、钢笔、铅笔、橡皮擦和变形工具等，以满足用户不同的创作需求。同时，它还支持多种图像文件格式，如 JPG、PNG 和 TIFF 等，并允许用户对图片进行剪裁、缩放、旋转以及调整亮度、对比度、曲线和色彩平衡等处理。此外，Adobe Illustrator 还具备强大的排版功能，可以帮助用户进行文字排版，提供大量的字体库供用户选择，实现优美的排版效果。Adobe Illustrator 还具有很强的兼容性，可以与 Adobe 旗下的 Photoshop、 Premiere、After Effects 等软件搭配使用，以便制作出更加完美的作品。

2. 选择本书的理由

（1）内容全面系统，知识"一站配齐"

本书以凝练的语言，结合设计工作场景需求，对 Illustrator 的应用进行了全方位的讲解，囊括了常用的大部分功能及使用技巧，可以帮助读者快速入门。

（2）理论结合实战，摆脱纸上谈兵

本书包含大量的案例，既有针对某个知识点的小案例，也有综合性强的大案例，所有的案例均经过了精心设计。读者在使用本书进行学习的时候，可以通过案例实践更好、更快地理解所学知识并加以应用。

（3）学习＋练习＋作业，学习方法更科学

本书采用"基础知识＋课堂练习＋综合实战＋课后作业"的编写模式，内容科学编排，知识循序渐进，结合丰富练习与实战，非常有利于激发学习兴趣。

（4）配套视频及素材，边学边练，轻松掌握

本书中几乎每个章节都设有二维码，手机扫一扫，即可观看相关操作与讲解视频，学

习体验极佳。此外，本书还提供了丰富的学习资源、案例素材及工具等。读者可访问我社官网 > 服务 > 资源下载页面：http://www.cip.com/Service/Download 搜索本书并获取配书资源的下载链接。

3. 本书包含哪些内容

第 1 章主要针对 Illustrator 的基础知识进行介绍，包括文件基本操作、查看与设置图像文档、辅助工具的应用、图形选择工具等基础操作。

第 2 ~ 10 章依次介绍基础绘图工具、图形对象的编辑、文字的应用与编辑、高级绘图工具、填充与描边、图层和蒙版的应用、特殊效果组、外观与样式、打印输出等的操作方法与使用技巧。

4. 本书的读者对象

➢ 从事平面设计、插画设计等相关工作人员

➢ 设计相关专业师生

➢ 培训班中学习各类设计的学员

➢ 对设计有着浓厚兴趣的爱好者

➢ 零基础想转行到设计行业的人员

➢ 有空余时间想掌握更多技能的办公室人员

本书在编写过程中力求严谨细致，但由于时间与精力有限，疏漏之处在所难免，望广大读者批评指正。

编著者

目　录

第 1 章
Illustrator 基础知识

★ 内容导读

本章主要针对 Illustrator 的一些基础知识进行讲解，包括如何新建、置入、存储文件等基础操作；如何设置图像文档方便使用；如何利用辅助工具更好地设计作品；怎样选择对象等。

◎ 学习目标

○ 学会 Illustrator 的简单操作
○ 通过素材制作简单的版面等

1.1 文件基本操作

在用户使用Illustrator软件设计图形之前,首先需要了解Illustrator软件的一些基础操作,如新建文件、存储文件及一些辅助工具的用法等。作为功能强大的矢量图形处理软件,Illustrator还兼具简单的位图处理功能。本节主要针对文档的基础操作进行讲解。

1.1.1 新建文件

Illustrator绘图的第一步就是新建文档。执行"文件 > 新建"命令,或按Ctrl+N组合键,或直接在主页中单击"新建"按钮,此时

图 1-1

图 1-2

会弹出"新建文档"对话框,对新建文件的大小、画板数量、出血等参数进行设置,如图1-1所示。单击"更多设置"打开"更多设置"对话框,可以对新建文件进行更多设置,如图1-2所示。

下面对这些设置进行详细讲解。

●配置文件:该下拉列表提供了打印、Web(网页)、移动设备、胶片和视频、图稿和插图选项,直接选中相应的选项,文档的参数将自动按照不同的选项进行调整。如果这些选项都不是要使用的,可以选中"浏览"选项,在弹出的对话框中进行选取。

●画板数量:指定文档的画板数以及它们在屏幕上的排列顺序。

●间距:指定画板之间的默认间距。此设置同时应用于水平间距和垂直间距。

●列数:在该选项设置相应的数值,可以定义排列画板的列数。

●大小:在该选项下拉列表中选择不同的选项,可以定义一个画板的尺寸。

●取向:完成画板尺寸设置后,对其画板取向进行定义。在该选项中单击不同的按钮,可以定义不同的方向,此时画板高度和宽度的数值将进行交换。

●出血:指图稿落在印刷边框打印定界框的或位于裁切标记和裁切标记外的部分。此选项用于指定画板每一侧的出血位置。要对不同的侧面使用不同的值,单击锁定图标⬚,将保持四个尺寸相同。

●"高级选项"按钮:单击该按钮,可以进行颜色模式、栅格效果、预览模式等参数的设置,隐藏的高级选项如图1-3所示。

●颜色模式:指定新文档的颜色模式,用于打印的文档需要

图 1-3

设置为CMYK，而用于数字化浏览的则通常采用RGB模式。

● 光栅效果：对文档中的光栅效果设置分辨率。准备以较高分辨率输出到高端打印机时，将此选项设置为"高"尤为重要。

● 预览模式：为文档设置默认预览模式。

如果要创建一系列具有相同外观属性的对象，可以通过"从模板新建"命令来新建文档。执行"文件 > 从模板新建"命令或按Ctrl+Shift+N组合键，也可以直接在更多设置中单击"模板"，此时弹出"从模板新建"对话框，如图1-4所示。选择新建文档的模板，单击"确定"按钮，即可实现从模板新建，如图1-5所示。

图 1-4

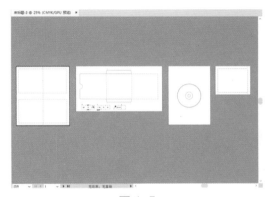

图 1-5

1.1.2　打开文件

如需在Illustrator中对已经存在的文档进行修改和处理，首先要在Illustrator中打开该文档。执行"文件 > 打开"命令或按Ctrl+O组合键，在弹出的"打开"对话框中，选中要打开的文件，然后单击"打开"按钮，如图1-6所示，文件就会在Illustrator中打开，如图1-7所示。

图 1-6

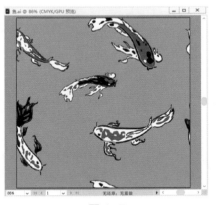

图 1-7

1.1.3　置入文件

Illustrator虽然是一款矢量软件，但也可以用来进行简单的位图操作。在Illustrator中可以通过"置入"命令，在文档中添加图片。置入的文件有嵌入和链接两种形式。

（1）置入链接文件

以"链接"形式置入是指置入的内容本身不在Illustrator文件中，只是通过链接在Illustrator文件中显示。

链接的优势在于再多图片也不会使文件体积增大很多，而且不会给软件运行增加过多负担；除此以外，链接的图片在其他软件中进行修改后，Illustrator中会自动提示更新图片。但是，链接的文件在移动时要注意链接的原素材图片也需要一起移动，不然会导致链接图丢失使图片质量降低。

（2）置入嵌入文件

"嵌入"是指将图片包含在文件中，就是和这个文件的全部内容存储到一起。嵌入的优势在于当文件存储位置改变时，不用担心素材图片没有一起移动而造成链接素材丢失。但是，当置入的图片较多时，文件大小会随之增加，给计算机运行带来压力。除此以外，原素材图片在其他软件中进行修改后，嵌入的图片不会提示更新变化。

课堂练习 在画框中嵌入图片

本案例将练习在画框中嵌入图片，涉及的知识点包括新建文件、置入嵌入对象等。

扫一扫 看视频

Step 01 执行"文件 > 新建"命令，新建一个空白文档，如图1-8所示。

Step 02 执行"文件 > 置入"命令，

在弹出的"置入"对话框单击本章素材文件"画框 .jpg"，取消勾选"链接"复选框，单击"置入"按钮，如图1-9所示。

图 1-8

图 1-9

Step 03 此时光标在 Illustrator 界面中变为，如图1-10所示。单击鼠标将文件置入，也可按住鼠标拖拽控制置入文件大小，松开鼠标完成置入，效果如图1-11所示。

图 1-10

图 1-11

Step 04 使用相同的方法置入本章素材文件"画.jpg"，在文件夹中删除"画.jpg"，Illustrator 文件中置入的素材不发生变化，如图 1-12 所示。

图 1-12

　　若已经链接进来的文件想要更改为"嵌入"形式，可以直接单击控制栏中的"嵌入"按钮，就可将链接的对象嵌入到文档内；若想要将"嵌入"的对象更改为"链接"模式，可以先选中"嵌入"的对象，然后单击控制栏中的"取消嵌入" 取消嵌入 ，接着在弹出的"取消嵌入"对话框中选择一个合适的存储位置及文件保存类型，嵌入的素材就会重新变为"链接"状态。

（3）管理置入的文件

　　已经置入的文件可以通过"链接"面板进行查看和管理，该面板中显示了当前文档中置入的所有图片，从中可以对这些图片进行查看链接信息、重新链接、编辑原稿等操作。

　　首先在一个空白文档中用分别用"链接"形式和"嵌入"形式置入两张图片，如图1-13所示。执行"窗口＞链接"命令，打开"链接"面板，可以看到两张图片在"链接"面板中的显示类型并不同，如图1-14所示。

图 1-13

图 1-14

　　下面将对这些按钮进行详细讲解。

● 显示链接信息 ▶：显示链接的名称、格式、尺寸、缩放大小等信息。选择一个对象后单击该按钮，就会显示所选对象的相关信息，如图1-15所示。

图 1-15

● 从CC库重新链接 ☁：单击该按钮，可以在打开的"库"面板中重新进行链接。

● 重新链接 🔗：在"链接"面板中选中一个对象，单击该按钮，在弹出的"置入"对话框中选择素材，替换当前链接的内容。

● 转至链接 ⬆：在"链接"面板中选中一个对象，单击该按钮后，即可快速在界面中定位该对象。

● 更新链接 🔄：当链接文件原素材发生变动时可以在当前文件中同步所发生的变动。

● 编辑原稿 ✏：对于链接的对象，单击该按钮可以将该对象在图像编辑器中打开，并进行编辑。

● 嵌入的文件 🔳：代表对象的置入方式为嵌入。

<h3>1.1.4　存储文件</h3>

执行"文件 > 存储"命令将文件进行存储。执行"文件 > 存储为"命令，可以重新对存储的位置、文件的名称、存储的类型等进行设置。在首次对文件进行"存储"以及使用"存储为"命令时，将会弹出"存储为"对话框。

在弹出的"存储为"对话框中，对"文件名"选项进行名称设置，然后在"保存类型"下拉列表中选择一个文件格式，设置合适的路径、名称、格式，选择完成后，单击"保存"按钮，如图1-16所示。此时会弹出"Illustrator选项"对话框，在此对话框中可以对文件存储的版本、选项、透明度等参数进行设置。设置完毕后

单击"确定"按钮，完成文件存储操作，如图1-17所示。

图 1-16

图 1-17

这里将对"Illustrator选项"对话框中的重要选项进行讲解。

● 版本：指定希望文件兼容的Illustrator版本。需要注意的是旧版格式不支持当前版本 Illustrator 中的所有功能。

● 创建PDF兼容文件：在Illustrator文件中存储文档的PDF演示。

● 使用压缩：在Illustrator文件中压缩PDF数据。

● 透明度：确定当选择早于9.0版本的Illustrator格式时，如何处理透明对象。

1.2　查看与设置图像文档

本节主要讲解Illustrator中图像文档的操作方法，例如：如何在文档内添加或删除画板、如何缩放图像文档、在存在多个文档时如何调整文档的显示方式，以及辅助工具的应用，如图1-18、图1-19所示为优秀的平面设计作品。

图 1-18

图 1-19

1.2.1　创建与编辑画板

"画板"是指界面中的白色区域，画板中包含可打印图稿的区域。"画板工

具" 🔲是在用户新建文档后，需要更改画板的大小或位置时使用的。

"画板工具" 🔲不仅可以调整画板的大小和位置，甚至还可以让它们彼此重叠，还能创建任意大小的画板。

📝 课堂练习　画板工具的应用技巧

本案例将对"画板工具"的应用进行讲解，涉及的知识点包括更改画板大小、新建画板、复制画板等。

Step 01　在文档中单击工具箱中的"画板工具" 🔲或者按 Shift+O 组合键，此时画板的边缘变为了画板的定界框，如图 1-20 所示。

Step 02　如果想要更改画板的大小，拖拽定界框的控制点即可，如图 1-21所示。

图 1-20

图 1-21

Step 03 若要移动画板在文档中位置,将光标移动到画板中,当光标变为 ✛ 状时,按住鼠标拖拽即可,如图1-22所示。

Step 04 在文档内添加画板的方法也非常灵活。选择"画板工具" ⬚ ,按住鼠标拖拽,即可添加一个新的画板,如图1-23所示。

图 1-22

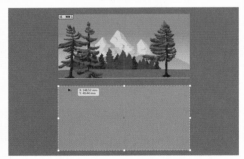

图 1-23

Step 05 新建画板的另一种方法是,在使用"画板工具" ⬚ 状态下,单击选项栏中的"新建画板"按钮 ⬚ ,屏幕上会按照默认顺序自动生成和原画板相同大小的新画板,如图1-24所示。

Step 06 如果要复制画板,选择"画板工具" ⬚ ,单击控制栏中的"移动复制带画板的图稿" ⬚ 按钮,然后按住"Alt"键单击拖动,在适当位置释放鼠标,可以发现画板和内容被同时复制,如图1-25所示。

图 1-24

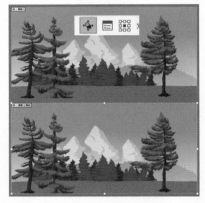

图 1-25

Step 07 如需删除画板,在使用"画板工具" ⬚ 状态下,单击选中画板,按 Delete 键或单击控制栏中的"删除" ⬚ 按钮,即可删除画板,如图1-26、图1-27所示。

图 1-26

图 1-27

1.2.2 缩放图像文档

在绘图过程中，用户有时需要观看画面整体，有时需要放大局部效果。为方便用户使用，Illustrator中提供了两个便利的视图浏览工具："缩放工具" 🔍 和用于平移图像的"抓手工具" ✋.。

课堂练习 缩放工具和抓手工具的应用技巧

本案例将针对"缩放工具"和"抓手工具"的应用进行讲解，涉及的知识点包括放大或缩小视图、移动图像区域等。

Step 01 单击工具箱中的"缩放工具" 🔍 按钮，然后将光标移动至画面中，可以观察到，此时光标为一个中心带有加号的放大镜 🔍，在画面中单击即可放大图像，如图 1-28 所示。

Step 02 按住 Alt 键，光标会变为中心带有减号的"放大镜" 🔍，单击要缩小的区域的中心即可缩小图像。每单击一次，视图便缩小到上一个预设

百分比，如图 1-29 所示。

图 1-28

图 1-29

Step 03 如果要放大或缩小画面中的某个区域，可以使用"缩放工具" 🔍 在需要放大或缩小的区域拖拽即可。例如要放大画面的雪山，可以使用"缩放工具" 🔍 在雪山的位置按住鼠标拖拽，如图 1-30、图 1-31 所示。

图 1-30

图 1-31

使用"缩放工具" 🔍 在需要放大或缩小的区域拖拽时，按住鼠标不动可以放大图像显示比例，向左拖拽鼠标会缩小图像显示比例，向右拖拽鼠标会放大图像显示比例。

按住Ctrl键，同时按住"+"键可以放大图像显示比例，同时按住"-"键则可以缩小图像显示比例；按住Ctrl+0组合键，图像会自动调整为适应屏幕的最大显示比例。

Step 04 当图像放大到屏幕不能完整显示时，可以使用"抓手工具" ✋ 在不同的可视区域中进行拖动以便于浏览，如图1-32所示。

Step 05 选择工具箱中的"抓手工具" ✋，单击绘图区并拖动鼠标，移动至所需观察的图像区域即可，如图1-33所示。

图 1-32

图 1-33

在Illustrator界面中，使用其他工具时，按住空格键，可快速切换到"抓手工具" ✋ 状态，同时按住鼠标拖动，可以移动可视的图像区域；松开空格键，会自动切换回之前使用的工具。

1.2.3 设置多个文档的显示方式

Illustrator中有多种文档的显示方式，当文档在软件中打开过多时，用户可以根据自己需要选择一个合适的文档排列方式。执行"窗口 > 排列"命令，在打开的菜单中选择一个合适的排列方式，如图1-34所示。

图 1-34

（1）层叠

"层叠"方式排列是所有打开文档从屏幕的左上角到右下角以堆叠和层叠的方式显示，如图1-35所示。

图 1-35

（2）平铺

当选择"平铺"方式进行排列时，窗口会自动调整大小，并以平铺的方式填满可用的空间，如图1-36所示。

图 1-36

（3）在窗口中浮动

当选择"在窗口中浮动"方式排列时，图像可以自由浮动，并且可以任意拖拽标题栏来移动窗口，如图1-37所示。

图 1-37

知识延伸

Illustrator CC 2019提供了多种合并拼贴方式，便于多个文件的重新排列，选择直观的"排列文档"窗口，可快速地以不同的配置方式排列已打开的文档。

在应用程序栏中选择"排列文档"按钮 ▦ ，在下拉列表中有"全部合并""全部按网格拼贴""全部垂直拼贴"等多个

排列方式。在这里单击"四联" ▦ 按钮，如图1-38所示。最终得到的文档排列效果如图1-39所示。

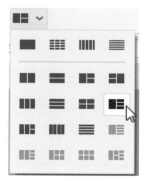

图 1-38

图 1-39

1.2.4 颜色模式

"颜色模式"是指将某种颜色表现为数字形式的模型，简单点说，就是一种记录图像颜色的方式。用于打印的文档需要设置为CMYK，而用于数字化浏览的则通常采用RGB模式。

在新建文档时，可以在"新建文档"对话框中的"高级面板"中对颜色模式进行选择，如图1-40所示。如需要对已经创建好的文档进行颜色模式的修改，可以通过执行"文件 > 文档颜色模式"命令来实现，如图1-41所示。

图 1-40

图 1-41

本案例将练习制作一份明信片，涉及新建文件、置入文件等知识点，主要用到的工具有画板工具、矩形工具、文字工具等。

Step 01 执行"文件 > 新建"命令或打开 Ctrl+N 组合键，打开"新建文档"对话框，设置参数，单击"创建"，创建空白文档，如图 1-42、图 1-43 所示。

Step 02 单击工具箱中的"矩形工

具"□按钮，按住鼠标进行拖拽，绘制一个与画板等大的矩形，选择该矩形，在控制栏中设置填充白色，描边无，如图 1-44 所示。

图 1-42

图 1-43

图 1-44

Step 03 执行"文件 > 置入"命令，置入素材图片，调整素材的大小和位置，完成置入操作，如图 1-45 所示。

Step 04 单击工具箱中的"直排文字工具"↓T 按钮，在控制栏设置填充黑色，描边无，选择一种合适的字体，设置字体大小为36pt，段落对齐为"顶对齐"，在矩形右侧单击并输入文字，文字输入完成后按 Esc 键，如图 1-46 所示。

Step 05 使用上述方法添加另外一段竖行段落文字，更改字体大小为 14pt，如图 1-47 所示。

图 1-46

图 1-45

图 1-47

1.3 辅助工具的应用

辅助工具的意义在于帮助用户拥有更良好的操作体验。在 Illustrator 中提供了标尺、网格、参考线等多种辅助工具，可以帮助用户轻松制作出尺寸精准的对象和排列整齐的版面。

1.3.1 标尺

标尺可以用于度量和定位插图窗口或画板中的对象，借助标尺可以让图稿的绘制更加精准。

执行"视图 > 标尺 > 显示标尺"命令或打开 Ctrl +R 组合键，标尺出现在窗口的顶部和左侧。若需要隐藏标尺，执行"视图 > 标尺 > 隐藏标尺"命令或打开 Ctrl +R 组合键，隐藏标尺，如图 1-48 所示。在标尺上方右击鼠标可以设置标尺的单位，如图 1-49 所示。

图 1-48

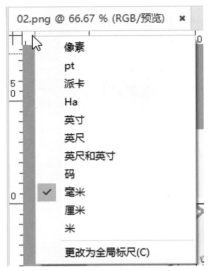

図 1-49

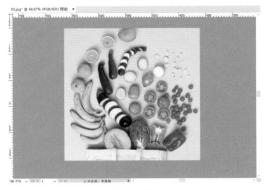

图 1-50

图 1-51

Illustrator 从入门到精通

知识延伸

　　标尺上显示"0"的位置为标尺原点。默认情况下，标尺原点位于窗口的左上角。将鼠标光标放置在窗口左上角上，然后按住鼠标拖动，会出现十字线，释放鼠标后，释放处就是原点的新位置。要恢复默认标尺原点，双击左上角标尺相交处即可。

1.3.2　参考线

　　参考线是一种常用的辅助工具，常用于帮助用户在画板中精准对齐对象。参考线的创建依附于标尺，若想使用参考线，需先打开标尺，将光标放置在标尺上方，按住鼠标向下进行拖拽，此时会拖拽一条灰色的虚线。如图1-50所示。拖拽至相应位置后松开鼠标，即可建立一条参考线，默认情况下参考线为青色，如图1-51所示。

　　在此，对参考线的一些操作进行讲解。

●锁定参考线：参考线非常容易因为用户的误操作导致位置发生变化，执行"视图 > 参考线 > 锁定参考线"命令，即可将当前窗口中的参考线锁定。此时可以创建新的参考线，但是不能移动和删除已经锁定的参考线。如果要将参考线解锁，可以执行"视图 > 参考线 > 解锁参考线"命令。

●隐藏参考线：执行"视图 > 参考线 > 隐藏参考线"命令，可将参考线暂时隐藏，执行"视图 > 参考线 > 显示参考线"命令可以将隐藏的参考线重新显示出来。

●删除参考线：执行"视图 > 参考线 > 清除参考线"命令，可以删除所有参考线。如需删除某条指定的参考线，可以使用"选择工具"选择该参考线，按Delete键删除即可。需要删除的参考线，必须是没有锁定的参考线，否则无法删除。

① 在创建移动参考线时，按住Shift键可以使参考线与标尺刻度对齐。

② 在Illustrator中，绘制任意图形，选中图形，执行"视图＞参考线＞建立参考线"命令，即可将该图形转化为参考线，也可选中图形后鼠标右击图形，选择"建立参考线"选项将图形转化为参考线，或者选中图形后直接打开Ctrl+5组合键，将图形转化为参考线。

1.3.3　智能参考线

执行"视图＞智能参考线"命令，或按Ctrl+U组合键，可以打开或关闭智能参考线。

开启智能参考线时，执行对象在进行绘制、移动、缩放等情况时会自动出现洋红色的智能参考线，帮助用户对齐特定对象，如图1-52所示。

1.3.4　网格

"网格"也是一种辅助工具，借助网格用户可以更加精准地确定绘制图像的位置，通常在文字设计、标志设计中使用较多，同其他辅助工具一样不可打印输出。

执行"视图＞显示网格"命令，或按"Ctrl+"组合键，可以显示网格。若需要隐藏网格，执行"视图＞隐藏网格"命令，或按"Ctrl+"组合键，将隐藏网格。执行"视图＞对齐网格"命令，或按"Shift+Ctrl+"组合键，在移动对象时自动对齐网格，如图1-53所示。

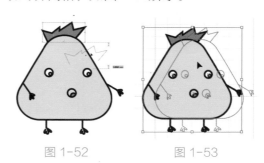

图 1-52　　　　　　图 1-53

1.4　图像选择工具

在Illustrator软件中，想要选取某一对象有很多种方式。本节主要讲解"选择工具" ▶、"直接选择工具" ▷、"编组选择工具" ▷、"魔棒工具" ✦ 和"套索工具" ⊶ 几种选择工具的用法。

1.4.1　选择工具

选择工具 ▶：选择整个图形、整个路径或整段文字时使用。选择工具箱中的"选择工具" ▶ 或使用"V"键，移动光标至需要选择的对象上，单击鼠标选择整个对象，如图1-54所示。

按住鼠标拖拽即可移动选中的对象，如图1-55所示。

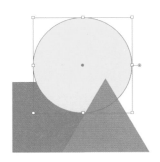

图 1-54

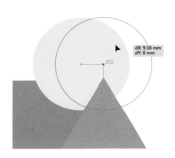

图 1-55

如果需要同时选取多个对象，可以按住Shift键，然后单击需要加选的对象，如图1-56所示；如果选择的对象为相邻的对象，可以按住鼠标拖拽进行框选，如图1-57所示。被选中的对象周围有一个矩形框，这个矩形框叫做"定界框"。

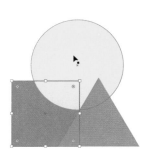

图 1-56

图 1-57

定界框上有8个控制点，将光标放置在控制点上，光标变为 ↕ 状时，按住鼠标拖拽即可纵向拉伸；光标变为 ↔ 状时可以横向拉伸；光标放在四个角点处变为 ⤡ 时可以横向、纵向一同拉伸，这时按住Shift键可以进行等比缩放，如图1-58所示。将光标放置在控制点以外，光标变为 ↻ 状时按住鼠标拖拽即可进行旋转，如图1-59所示。

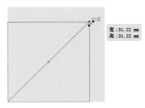

图 1-58

图 1-59

1.4.2 直接选择工具

直接选择工具▷.：选择对象内的锚点或路径段时使用。选择工具箱中的"直接选择工具"▷.，然后在需要选择的路径上方单击即可选中这段路径，如图1-60所示。

路径显示后可以看到路径上方的锚点，若需要选择单个锚点，可以在锚点上方单击即可，如图1-61所示。

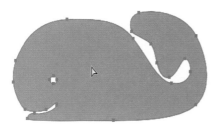

图 1-60

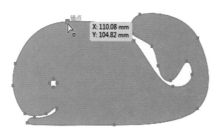

图 1-61

选择锚点后拖拽锚点即可移动该锚点的位置，锚点移动后图形也会随之改变，如图1-62所示。松开鼠标，效果如图1-63所示。

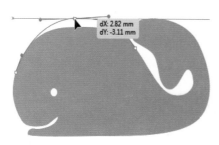

图 1-62

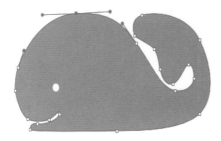

图 1-63

锚点同样可以删除，选中锚点按Delete键即可，如图1-64所示为删除多个锚点的效果。

图 1-64

知识点拨

在使用"直接选择工具" 的过程中，除了可以选中锚点进行删除或移动等操作外，也可以直接选中路径段进行删除或移动等操作。

1.4.3 编组选择工具

编组选择工具 ▷：在编组过的情况下选择组内的对象或组内的组时使用。使用编组选择工具，选择的是组内的一个对象，如图1-65所示。再次单击，选择的是对象所在的组，如图1-66所示。

图 1-65

图 1-66

1.4.4　魔棒工具

魔棒工具 ✨：选择当前文档中属性相近的对象，例如具有相近的填充色、描边色、描边宽度、透明度或者混合模式的对象。

选择工具箱中的"魔棒工具" ✨，在要选取的对象上单击，如图1-67所示，文档中与所选对象属性相近的对象会被选中，如图1-68所示。

图 1-67

图 1-68

"魔棒工具"✨的使用原理是通过颜色容差进行选择。双击工具箱中的"魔棒工具"✨按钮，可以弹出"魔棒"面板，如图1-69所示，用户可以根据自身需要，定义使用"魔棒工具"✨选择对象的依据。

◇ 魔棒		≡
☑ 填充颜色	容差：20	＞
☐ 描边颜色	容差：20	＞
☐ 描边粗细	容差：5 pt	＞
☐ 不透明度	容差：5%	＞
☐ 混合模式		

图 1-69

1.4.5　套索工具

套索工具 ✋：通过拖拽鼠标对区域内的图形进行选取。

在需要选取的区域内，拖拽鼠标将要选取的对象框住，如图1-70所示。释放鼠标即可选中区域内的图形、锚点和路径段，如图1-71所示。

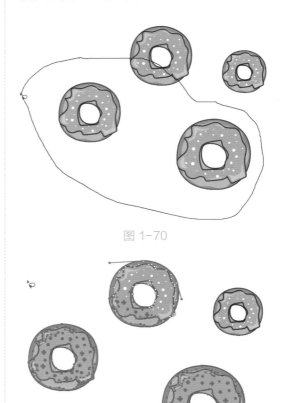

图 1-70

图 1-71

知识点拨

使用"套索工具" ✋完成选择后，若想继续增加选择对象，可以按住Shift键继续拖动鼠标，框选需要增加的部分完成加选。

1.4.6 "选择"命令

Illustrator中有一些选择命令可以使用户更快速、准确地选取对象。单击菜单栏中的"选择"菜单，弹出下拉菜单，可以看到相应的选择命令，每个命令后有相应的快捷键，如图1-72所示。

图 1-72

接下来，对这些命令中的重要命令进行详细讲解。

●全部：选中文档中的全部对象，但被锁定的对象不会被选中。

●现用画板上的全部对象：在多个画板的情况下，执行该命令可以选择所使用的画板中的所有内容。

●取消选择：将所有选中的对象取消选择，在空白区域单击也可取消选择所选对象。

●重新选择：该命令通常在选择状态被取消，或者是选择了其他对象，要将前面选择的对象重新选中时使用。

●反向：该功能可以快速选择隐藏的路径、参考线和其他难以选择的未锁定对象。

●相同：与魔棒工具相似，执行该命令，在子菜单中选择相应的属性，即可在文档中快速选择出具有该属性的全部对象。

●对象：执行该命令，然后选取一种对象类型（剪切蒙版、游离点或文本对象等），即可选择文件中所有该类型的对象。

●存储所选对象：使用该选项可用于保存特定的对象。

●编辑所选对象：执行该命令，在弹出的"编辑所选对象"对话框中选中要进行编辑的选择状态选项，即可编辑已保存的对象。

●更新选区：该选项用于更新或修改当前已选择的区域。当选择了一个选区后，执行该命令可添加或减去选区中的部分区域，无需再重新选择整个选区。

课堂练习 添加背景色

本案例将练习为素材添加背景色，涉及的知识点包括打开文件、存储文件等操作，以及画板工具、矩形工具等工具。

扫一扫 看视频

Step 01 执行"文件>打开"命令或按Ctrl+O组合键，在弹出的"打开"对话框选择需要打开的素材文件"证件.tif"，单击"打开"按钮完成操作，如图1-73所示。接着弹出"TIFF 导入选项"对话框，如图1-74所示。点击"确定"，该文件在 Illustrator 中被打开。

图 1-73

图 1-74

图 1-75

Step 02 双击"画板工具" 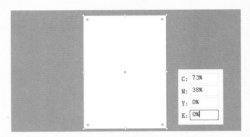，弹出"画板选项"对话框，调节合适大小的画板尺寸，如图 1-75 所示。

Step 03 单击工具箱中的"矩形"工具，在画板中单击，在弹出的"矩形"对话框中设置矩形大小与画板等大，如图 1-76 所示。

图 1-77

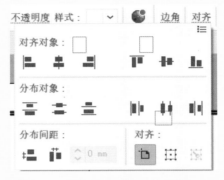

图 1-78

图 1-76

Step 04 选中画板中的矩形，在控制栏中调整填充颜色为蓝色，描边无，如图 1-77 所示。然后在属性栏中点开"对齐"面板，选择"对齐画板"按钮，单击"水平居中对齐"  按钮与"垂直居中对齐" ⬛ 按钮，如图 1-78 所示。

图 1-79

Step 05 调整图层顺序，鼠标右击，在弹出的菜单中，执行"排列 > 后移一层"命令，如图 1-79、图 1-80 所示。

图 1-80

至此，完成背景色的添加。

综合实战　制作宣传图

扫一扫 看视频

本案例将练习制作一张宣传图，涉及的知识点包括新建文件、置入文件、存储文件、导出文件等。

Step 01　执行"文件 > 新建"命令，打开"新建文档"对话框，设置参数，然后单击"竖向" 按钮，再单击"创建"完成操作，如图 1-81、图 1-82 所示。

图 1-81　　　　　　　　　　图 1-82

Step 02　执行"文件 > 置入"命令，在弹出的"置入"对话框中选择素材"背景 .jpg"，取消勾选"链接"复选框，单击"置入"按钮，如图 1-83 所示。然后在画板中任一处单击，置入位图，调整位图大小和位置，完成置入，如图 1-84 所示。

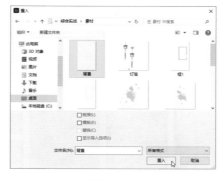

图 1-83　　　　　　　　　　图 1-84

Step 03　执行"文件 > 置入"命令，在弹出的"置入"对话框中选择素材"桃枝 .png"，取消勾选"链接"复选框，单击"置入"按钮，将其嵌入到画板中，如图 1-85 所示。

Step 04　选择素材右上角的控制点，当光标变为 时按住鼠标和 Shift 键向左下角拖动，调整到合适大小后释放鼠标完成修改，如图 1-86 所示。

Step 05　使用上述方法继续添加素材，将素材嵌入画板中并调整至合适大小，放置在相应位置，如图 1-87、图 1-88 所示。

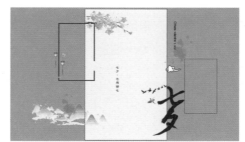

图 1-85　　　　图 1-86　　　　　　　图 1-87　　　　　　　图 1-88

至此，完成宣传图的制作。

课后作业 / 绘制照片墙效果

项目需求

受某家庭委托设计照片墙，要求简约有设计感。

项目分析

根据提供的图片，通过不同的摆放位置及大小设置勾勒造型。

项目效果

效果如图1-89所示。

图 1-89

操作提示

Step01：置入图片。

Step02：使用矩形工具绘制相框。

Step03：设置合适的大小位置。

第 2 章
基础绘图工具

★ 内容导读

本章主要针对 Illustrator 软件中的基础绘图工具进行讲解，包括如何
绘制线段、弧线段和螺旋线；如何绘制矩形网格和极坐标网格；如
何绘制简单的图形，如矩形、圆形、星形、多边形等；如何绘制光
晕图形。

◎ 学习目标

○ 绘制简单的线条图案
○ 绘制简单的图形图案
○ 线条图案和图形图案的搭配组合等

2.1 线条绘制工具

鼠标右击工具箱中的"直线段工具" ✏️ 按钮，在弹出的工具组中可以选择"直线段工具" ✏️、"弧形工具" ⌒、"螺旋线工具" ◉、"矩形网格工具" ⊞ 或"极坐标网格工具" ◉ 5种线型绘图工具。下面将对这5种工具进行介绍。

2.1.1 直线段工具

"直线段工具" ✏️ 可以绘制任意角度的直线。单击工具箱中的"直线段工具" ✏️，在画板中需要创建线段的位置单击鼠标并按住鼠标进行拖拽，如图2-1所示。拖拽鼠标至线段的另一端点处松开鼠标即可绘制一条直线，如图2-2所示。

图 2-1

图 2-2

如果要绘制精确的直线对象，单击"直线段工具" ✏️ 后，在画板中需要创建线段的位置单击鼠标，弹出"直线段工具选项"对话框，在该对话框中可以对直线段的长度和角度进行设置，如图2-3所示。如图2-4所示为利用"直线段工具" ✏️ 绘制的等边三角形。

图 2-3

图 2-4

知识延伸

① 在使用"直线段工具" ✏️ 的过程中，按住鼠标的同时，按住Shift键在画板中拖拽，可以绘制出水平、垂直及45°角倍增的斜线，如图2-5所示；

② 若想通过"直线段工具" ✏️ 快速绘制大量放射状线条，可以在选择"直线段工具" ✏️ 的情况下，在面板中按住鼠标，同时按住键盘"~"键沿需要的方向进行拖动，如图2-6所示。

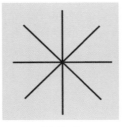

图 2-5

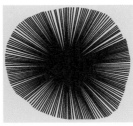

图 2-6

2.1.2 弧形工具

"弧形工具" ⌒ 用于绘制任意弧度的弧形，也可绘制精确弧度的弧形。单击工具箱中的"弧形工具" ⌒，按住鼠标在画板中拖拽即可绘制一条弧线，如图2-7、图2-8所示。

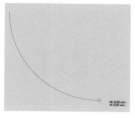 

图 2-7   图 2-8

若在绘制过程中需要调整弧形的弧度，可通过键盘上的"↑""↓"键进行调整，达到要求后再释放鼠标，如图2-9、图2-10所示。

 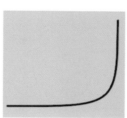

图 2-9   图 2-10

如果需要绘制精确的弧形对象，则需单击鼠标，在弹出的"弧形工具选项"对话框中，对所要绘制弧形的参数进行设置，单击"确定"完成设置，如图2-11所示。

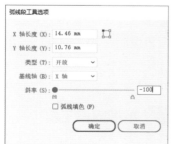

图 2-11

其中，各选项的含义如下。

● X轴长度（X）：在该文本框内输入数值，定义弧线另一个端点在X轴方向的距离。

● Y轴长度（Y）：在该文本框内输入数值，定义弧线另一个端点在Y轴方向的距离。

● 定位器▱：在定位器中单击不同的端点，可以设置弧线起始端点在弧线中的位置。

● 类型（T）：绘制的弧线对象是"开放"还是"闭合"。

● 基线轴（B）：绘制的弧线对象基线轴为X轴还是Y轴。

● 斜率（S）：通过拖动滑块或在文本框中输入数值，定义绘制的弧形对象的弧度，绝对值越大弧度越大，正值凸起，负值凹陷。

● 弧线填色：当勾选该复选框时，将使用当前的填充颜色对绘制的弧形进行填充。

知识延伸

① 拖拽鼠标绘制弧线的同时，按住Shift键，可以得到X轴与Y轴数值相等的弧线。

② 拖拽鼠标绘制弧线的同时，按住C键，可更改弧线为开放路径或者闭合路径。

③ 拖拽鼠标绘制弧线的同时，按住F键，可以改变弧线的方向。

④ 拖拽鼠标绘制弧线的同时，按住X键，可以更改弧线的凹凸。

2.1.3 螺旋线工具

"螺旋线工具" ◎用于绘制各种螺旋形状的线条。单击工具箱中的"螺旋线工具" ◎，在画板中按住拖拽即可绘制一段螺旋线，如图2-12、图2-13所示。

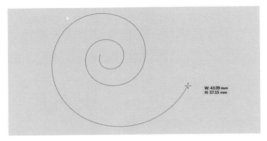

图2-12

图2-13

若想要绘制精确的螺旋线，可以单击工具箱中的"螺旋线工具" ◎按钮，在画板中需要绘制螺旋线的位置单击鼠标，在弹出的"螺旋线"对话框中，对所要绘制的螺旋线的半径、衰减等参数进行设置，如图2-14所示。单击"确定"后，即可得到精确的螺旋线，如图2-15所示。

图2-14　　图2-15

其中，各选项的含义如下。

● 半径（R）：指定螺旋线的中心点到螺旋线终点之间的距离，用来设置螺旋线的半径。

● 衰减（D）：设置螺旋线内部线条之间的螺旋线圈数。在段数为10时，螺旋线根据衰减数值的不同产生的变化，如图2-16所示。

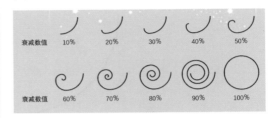

图2-16

● 段数（S）：设置螺旋线的螺旋段数。数值越大螺旋线越长，反之越短。在衰减为80%时，螺旋线根据段数数值的不同产生的变化如图2-17所示。

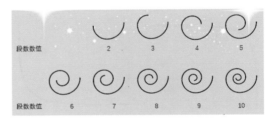

图2-17

● 样式（T）：设置顺时针或逆时针方向绘制螺旋线。

2.1.4 矩形网格工具

"矩形网格工具" ▦可以用来绘制带

有网格的矩形。单击工具箱中的"矩形网格工具"⊞，在画板中需要绘制矩形网格的位置单击鼠标，沿矩形网格对角线方向拖拽，释放鼠标后矩形网格即绘制完成，如图2-18、图2-19所示。

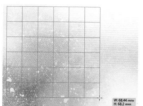

图 2-18   图 2-19

若想制作精确的矩形网格，可以单击工具箱中的"矩形网格工具"⊞按钮，在需要绘制矩形网格的一个角点位置单击鼠标，在弹出的"矩形网格工具选项"对话框中，对矩形网格的各项参数进行设置，如图2-20、图2-21所示。

图 2-20

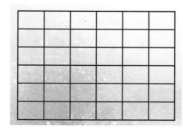

图 2-21

其中，各选项的含义如下。

●宽度（W）：用于设置矩形网格的宽度。

●高度（H）：用于设置矩形网格的高度。

●定位器⊡：在定位器中单击不同的端点，可以在矩形网格中首先设置角点位置。

●水平分隔线："数量"可以设置矩形网格中水平网格线的数量，即行数；"下、上方倾斜"可以设置水平网格的倾向。数值为0时，水平网格线与水平网格线之间的距离是均等的；数值大于0时，网格下方的水平网格线与水平网格线之间的距离变小；数值小于0时，网格上方的水平网格线与水平网格线之间的距离变小，如图2-22所示水平分隔线倾斜数值从左至右依次为-100%、0、100%。

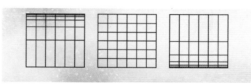

图 2-22

●垂直分隔线："数量"可以设置矩形网格中垂直网格线的数量，即列数；"左、右方倾斜"选项可以设置垂直网格的倾向。数值为0时，垂直网格线与垂直网格线之间的距离是均等的；数值大于0时，网格右方的垂直网格线与垂直网格线之间的距离变小；数值小于0时，网格左方的垂直网格线与水平网格线之间的距离变小，如图2-23所示垂直分隔线倾斜数值从左至右依次为-100%、0%、100%。

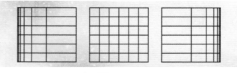

图 2-23

● 使用外部矩形作为框架：勾选该复选框时，将采用一个矩形对象作外框；反之，将没有外边缘的矩形框架。

● 填色网格：勾选该复选框时，将使用当前的填充颜色填充所绘制的矩形网格。

2.1.5　极坐标网格工具

"极坐标网格工具" ⊛用于绘制多个同心圆和放射线段组成的极坐标网格。

单击工具箱中的"极坐标网格工具" ⊛，在画板上按住鼠标拖动的同时，按Shift+Alt组合键，绘制正圆，释放鼠标后极坐标网格即绘制完成，如图2-24、图2-25所示。

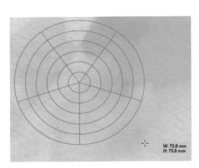

图 2-24

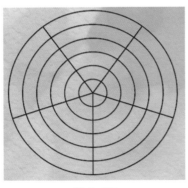

图 2-25

若想建立精确的极坐标网格，可以单击工具箱中的"极坐标网格工具" ⊛按

钮，在想要绘制图形的位置上单击鼠标，弹出"极坐标网格工具选项"对话框，在该对话框中对所要绘制的极坐标网格的相关参数进行设置，单击"确定"按钮即可得到精确尺寸的极坐标网格，如图2-26、图2-27所示。

图 2-26

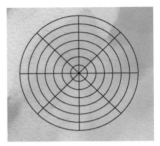

图 2-27

其中，各选项的含义如下。

● 宽度（W）：用于设置极坐标网格图像的宽度。

● 高度（H）：用于设置极坐标网格图形的高度。

● 定位器⌗：在定位器中单击不同的端点，可以在极坐标网格中设置起始角点位置。

● 同心圆分割线："数量"为极坐标网格图形中同心圆的数量；"倾斜"值决定同心圆分隔线倾向于网格内侧还是外侧。

● 径向分割线："数量"为极坐标网格图形中射线的数量；"倾斜"值决定径向分隔线倾向于网格逆时针还是顺时针方向。

● 从椭圆形创建复合路径（C）：勾选该复选框时，将同心圆转换为独立复合路径并每隔一个圆填色。

● 填色网格：勾选该复选框时，将使用当前的填充颜色填充所绘制的极坐标网格。

课堂练习 制作网格背景

本练习将学习制作网格背景，主要用到"矩形网格"工具▦和"极坐标网格工具"◉。

扫一扫 看视频

Step 01 新建一个竖向 A4 大小的文档。单击工具箱中的"矩形网格工具"按钮▦，在画板上需要绘制矩形网格的一个角点处单击，在弹出的"矩形网格工具选项"对话框中设置参数，单击"确定"完成绘制，如图 2-28 所示。

Step 02 调整矩形网格对齐画板，在控制栏中设置参数，如图 2-29 所示。

Step 03 按照同样的方法继续绘制两个网格矩形，设置合适的大小，如图 2-30、图 2-31 所示。

图 2-28　　　　图 2-29　　　　图 2-30　　　　图 2-31

Step 04 单击工具箱中的"极坐标网格工具"◉按钮，在画板上需要绘制极坐标网格的一个角点处单击，在弹出的"极坐标网格工具选项"对话框中设置参数，单击"确定"完成绘制，如图 2-32 所示。

Step 05 选中极坐标矩形，在控制栏中设置参数，调整位置，如图 2-33 所示。

Step 06 继续绘制一些其他图案装饰，如图 2-34 所示。

Step 07 执行"文件 > 置入"命令，置入本章素材，并调整至合适大小和位置，如图 2-35 所示。

图 2-32　　　　图 2-33　　　　图 2-34　　　　图 2-35

至此，完成网格背景制作。

鼠标右击工具箱中的"矩形工具"□按钮，在弹出的工具组中可以选择"矩形工具"□、"圆角矩形工具"□、"椭圆工具"○、"多边形工具"○、"星形工具"☆或"光晕工具"✦6种图形绘制工具，如图2-36所示。

图2-36

2.2.1 矩形工具

"矩形工具"□可用于绘制矩形和正方形。单击工具箱中的"矩形工具"□，在画板中需要创建矩形的位置单击并按住鼠标进行拖拽，如图2-37所示。拖拽至合适位置释放鼠标后矩形绘制完成，如图2-38所示。

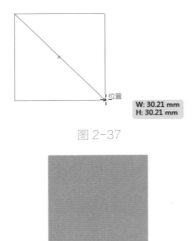

图2-37

图2-38

如果想绘制参数精确的矩形，用户可以在画板上单击鼠标，在弹出的"矩形"对话框中设置矩形参数，如图2-39所示。单击"确定"按钮即可创建指定尺寸的矩形，如图2-40所示。

图2-39

图2-40

知识点拨

① 在绘制矩形时，如想绘制正方形，可以按住Shift键进行拖拽；按住Shift+Alt组合键进行拖拽，可以绘制以鼠标落点为中心的正方形。

② 创建出的矩形选中后四角内部均有一个控制点◉，按住鼠标并拖动该控制点可调整矩形四角的圆角，如图2-41、图2-42所示。

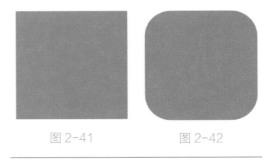

图2-41

图2-42

2.2.2 圆角矩形工具

"圆角矩形工具"□用于绘制圆角矩形和圆角正方形。单击工具箱中的"圆角矩形工具"▢,在画板中需要创建圆角矩形的位置单击并按住鼠标进行拖拽,如图2-43所示,拖到合适大小后释放鼠标即完成绘制,如图2-44所示。

图 2-43

图 2-44

① 拖拽鼠标的同时按"↑"和"↓"可以调整圆角矩形圆角大小。

② 按住Shift键拖拽鼠标,可以绘制圆角正方形;按住Shift+Alt组合键拖拽鼠标,可以绘制以鼠标落点为中心的圆角正方形。

③ 创建出的圆角矩形选中后四角内部均有一个控制点◉,按住鼠标并拖动该控制点可调整圆角矩形四角的圆角大小。

若想绘制精确的圆角矩形,可以在画板上单击鼠标,在弹出的"圆角矩形"对话框中,对所要绘制的圆角矩形的参数进行设置,如图2-45所示,单击"确定"按钮即可完成绘制。

图 2-45

其中,各选项的含义如下。

● 宽度(W):在文本框中输入数值,定义圆角矩形的宽度。

● 高度(H):在文本框中输入数值,定义圆角矩形的高度。

● 圆角半径(R):在文本框中输入数值,定义圆角矩形圆角大小。

2.2.3 椭圆工具

"椭圆工具"⬭用于绘制椭圆和正圆。单击工具箱中的"椭圆工具"⬭按钮,在画板中需要创建椭圆的位置单击并按住鼠标进行拖拽,如图2-46所示。拖拽至合适位置释放鼠标后椭圆即绘制完成,如图2-47所示。

图 2-46

图 2-47

① 按住Shift键拖拽鼠标,可以绘制正圆;按住Shift+Alt组合键拖拽鼠标,可以绘制以鼠标落点为中心的正圆。

② 绘制完成的圆形选中后,会出现

一个圆形控制点 ✎ ，将光标移动至圆形控制点处，待光标变成 ➤ 形状后按住鼠标进行拖拽，可以将圆形转化成饼图，饼图角度随鼠标释放点而定，如图2-48所示，选择合适角度释放鼠标即完成绘制，如图2-49所示。

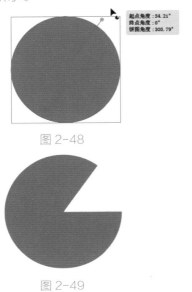

图 2-48

图 2-49

如果想要绘制精确的椭圆，可以在画板上单击鼠标，在弹出的"椭圆"对话框中，对所要绘制的椭圆的参数进行设置，如图2-50所示，单击"确定"按钮完成绘制，如图2-51所示。

椭圆

宽度 (W)：50 mm

高度 (H)：30 mm

确定   取消

图 2-50

图 2-51

本案例将练习绘制手机线框图，主要用到的工具有矩形工具、圆角矩形工具、椭圆工具等。

扫一扫 看视频

Step 01　新建一个竖向 A4 大小的空白文档。单击工具箱中的"圆角矩形工具" ▢ 按钮，在上方控制栏处设置参数。鼠标在要绘制圆角矩形的一个角点位置单击，在弹出的"圆角矩形"对话框中设置参数，如图 2-52 所示。单击"确定"按钮完成手机轮廓线的绘制，如图 2-53 所示。

圆角矩形

宽度 (W)：67 mm

高度 (H)：138.1 mm

圆角半径 (R)：8.5 mm

确定   取消

图 2-52   图 2-53

Step 02　使用上述方法继续绘制一个宽度为 65mm、高度为 136.1mm、圆角为 7.5mm 的圆角矩形，如图 2-54 所示。

圆角矩形

宽度 (W)：65 mm

高度 (H)：136.1 mm

圆角半径 (R)：7.5 mm

确定   取消

图 2-54

Step 03　选中所绘制的两个圆角矩形，在属性栏中点开"对齐"面板，单击"对齐所选对象"按钮，单击"水平居中对齐"┻按钮与"垂直居中对齐"╫按钮，如图 2-55 所示。

图 2-55

Step 04 单击工具箱中的"矩形工具"▫按钮，鼠标在要绘制矩形的位置单击，在弹出的"矩形"对话框中设置参数，如图 2-56 所示。完成后单击"确定"按钮，创建矩形。

Step 05 选中矩形和两个圆角矩形，在"对齐"面板中单击"水平居中对齐"┻按钮与"垂直居中对齐"╫按钮，使矩形与圆角矩形中心对齐，如图 2-57 所示。为了便于管理，可以选中矩形与两个圆角矩形，执行"对象 > 编组"命令，将其编组。

图 2-56   图 2-57

Step 06 单击工具箱中的"椭圆工具"◯按钮，鼠标在要绘制圆形的位置单击，在弹出的"椭圆"对话框中设置参数，如图 2-58 所示。绘制出宽度和高度均为 9.3mm 的正圆，再

使用上述方法继续绘制一个宽度和高度均为 8.3mm 的正圆，如图 2-59 所示。

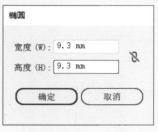

图 2-58

图 2-59

Step 07 选中两个圆形，在属性栏中点开"对齐"面板，单击"对齐所选对象"按钮，单击"水平居中对齐"┻按钮与"垂直居中对齐"╫按钮，如图 2-60 所示。为了便于管理，可以选中两个圆形，执行"对象 > 编组"命令，将其编组。

图 2-60

Step 08 选中矩形、圆角矩形和圆形，在属性栏中点开"对齐"面板，单击"对齐所选对象"按钮，单击 "垂直居中对齐"╫按钮，并调整圆形与圆角矩形、矩形的位置，如图 2-61 所示。

使用上述方法，继续绘制其他图形，如摄像头、音量键、关机键等，如图 2-62 所示。

Step 10 调整上步绘制图形的位置，完成后效果如图 2-63 所示。

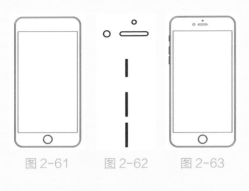

图 2-61　　　图 2-62　　　图 2-63

至此，完成手机线框图的制作。

2.2.4　多边形工具

"多边形工具" ◉用于绘制边数大于或等于3的任意边数的多边形。单击工具箱中的"多边形工具" ◉按钮，在画板中按住鼠标进行拖拽，即可绘制多边形，如图2-64、图2-65所示。

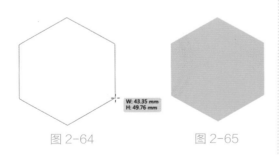

图 2-64　　　　　　　图 2-65

知识延伸

① 在绘制多边形时，不释放鼠标的同时，按"↑"键可以增加多边形边数；反之，按"↓"可以减少多边形边数。

② 创建出的多边形选中后内部会出现一个控制点◉，鼠标按住并拖动该控制点可调整多边形的圆角，如图2-66、图2-67所示。

图 2-66　　　　　　　图 2-67

③ 在选择"多边形工具" ◉的情况下，在面板中按住鼠标，同时按住键盘"~"键沿需要的方向进行拖动，即可快速绘制大量重叠排列的多边形。

若想绘制更为精确的多边形，可以单击工具箱中的"多边形工具" ◉按钮，在需要绘制多边形的位置单击鼠标，在弹出的"多边形"对话框中，对所要绘制的多边形的参数进行设置，如图2-68所示，单击"确定"按钮完成绘制，如图2-69所示。

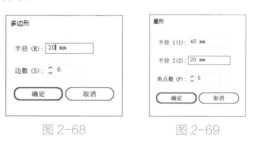

图 2-68　　　　　　　图 2-69

2.2.5　星形工具

"星形工具" ✪用于绘制角数大于或等于3的任意角数的星形。单击工具箱中的"星形工具" ✪按钮，在画板上按住鼠标并向外拖拽，释放鼠标后即可得到星形，如图2-70、图2-71所示。

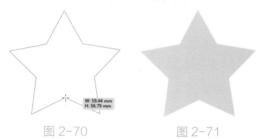

图2-70　　　　　　图2-71

单击工具箱中的"星形工具" ☆ 按钮，在画板上需要绘制星形的位置单击鼠标，会弹出"星形"对话框，在该对话框中可以对所要绘制的星形的参数进行设置，如图2-72所示，单击"确定"按钮完成绘制，如图2-73所示。

图2-72　　　　　　图2-73

其中，各选项的含义如下。

●半径1（1）：从星形中心到星形正上方角点的距离。

●半径2（2）：从星形中心到星形正上方角点相邻角点的距离。

●角点数（P）：定义所绘制星形图形的角点数。

知识延伸

① 在绘制星形时，不释放鼠标的同时，按"↑"键可以增加星形角点；反之，按"↓"可以减少星形角点。

② 在绘制星形时，按住Ctrl键可以保持星形半径2不变；按住Space键（空格键）可随鼠标移动星形的位置。

2.2.6　光晕工具

"光晕工具" ●可以用来制作模拟发光的矢量图形。单击工具箱中的"光晕工具" ●按钮，在要创建光晕的大光圈部分的中心位置按住鼠标，拖拽的长度就是放射光的半径，如图2-74所示。在画板另一处单击鼠标，用于确定闪光的长度和方向，如图2-75所示。

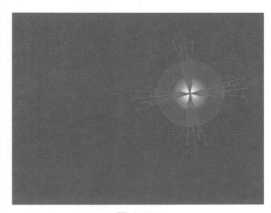

图2-74

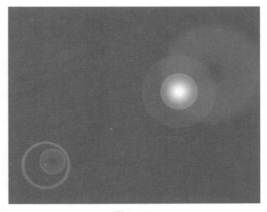

图2-75

若想绘制特定参数的光晕，可以单击工具箱中的"光晕工具" ●按钮，在要绘制光晕的位置鼠标单击，在该位置会出现光晕并弹出"光晕工具选项"对话框，在该窗口中勾选"预览"复选框，可以在调整参数的同时查看效果，调节至满意效果后鼠标单击"确定"按钮完成绘制,如图2-76、图2-77所示。

图 2-76

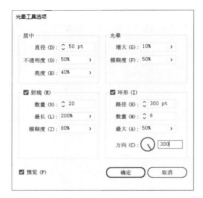

图 2-77

其中,各选项的含义如下。

（1）居中

●直径:用来设置中心控制点直径的大小。

●不透明度:用来设置中心控制点的不透明度。

●亮度:属性用来设置中心控制点的亮度比例。

（2）光晕

●增大:用来设置光晕围绕中心控制点的辐射程度。

●模糊度:可以设置光晕在图形中的模糊程度。

（3）射线

●数量:用来设置射线的数量。

●最长:可以设置光晕效果中最长一条射线的长度。

●模糊度:用来设置射线在图形中的模糊程度。

（4）环形

●路径:用来设置光环所在的路径的长度值。

●数量:用来设置二次单击时产生的光环在图形中的数量。

●最大:用来设置多个光环中最大光环的大小。

●方向:可以设置光环的图形中的旋转角度,还可以通过右边的角度控制按钮调节光环的角度。

课堂练习 绘制风车图像

扫一扫 看视频

本案例将练习绘制风车图像,主要用到的工具包括矩形工具、弧形工具、直线段工具、椭圆工具等。

Step 01 新建一个竖向 A4 大小的空白文档。单击工具箱中的"矩形工具"■按钮,在画板上单击鼠标,在弹出的"矩形"对话框中,对所要绘制的矩形的参数进行设置,如图 2-78 所示,单击"确定"按钮完成绘制,如图 2-79 所示。

Step 02 选中矩形,单击工具箱中的"直接选择工具"▷.,选中矩形右上角的点,按住 Shift 键向下拖拽到合适位置,如图 2-80 所示。选择该点的控制点⊙,拖拽出合适的圆角,如

图 2-81 所示。

图 2-78   图 2-79

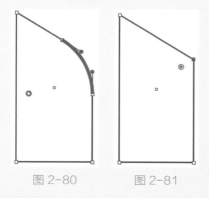

图 2-80   图 2-81

Step 03 单击工具箱中的"弧形工具" ╭，在矩形内部绘制合适规格的弧线，如图 2-82 所示。为方便管理，选中矩形与弧线，执行"对象>编组"命令，将其编组，如图 2-83 所示。

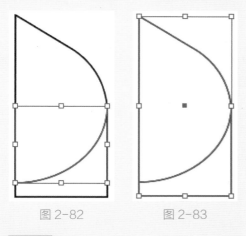

图 2-82   图 2-83

Step 04 选中编组图形，执行"对象>变换>旋转"命令，在弹出的"旋转"

对话框中设置参数，单击"复制"按钮，如图 2-84 所示，调整至合适位置，如图 2-85 所示。

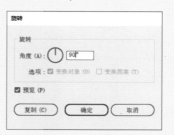

图 2-84

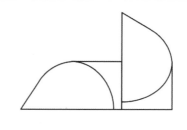

图 2-85

知识点拨

选中图形后，按R键，再按住Alt键移动中心点至合适位置后，弹出"旋转"对话框，设置参数，单击"复制"按钮，也可以实现旋转，并且可以自由设置旋转中心点位置，然后按住Ctrl+D组合键，可以重复之前的参数进行操作。

Step 05 继续复制编组图形，绘制出风车雏形，如图 2-86 所示。为方便管理，选中全部图形，执行"对象>编组"命令，将图形进行编组。

Step 06 单击工具箱中的"椭圆工具" ⬭ 按钮，在画板中需要创建椭圆的位置按住鼠标进行拖拽，拖拽至合适位置释放鼠标后椭圆即绘制完成，调整圆形位置，如图 2-87 所示。

图 2-86

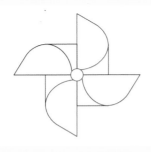

图 2-87

Step 07 单击工具箱中的"编组选择工具"▷按钮，选择编组中的矩形，在控制栏中设置填充与描边，如图 2-88 所示。

Step 08 单击工具箱中的"直线段工具"╱按钮，在合适位置绘制一段线

段作为风车手柄，在控制栏中设置参数，调整线段排列顺序，完成绘制，如图 2-89 所示。

至此，完成风车图像的制作。

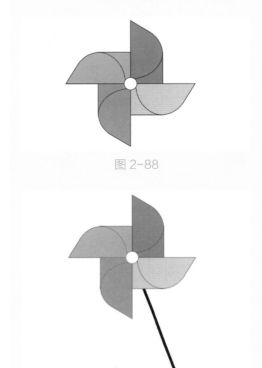

图 2-88

图 2-89

⊕ **综合实战　绘制立体键**

扫一扫 看视频

本案例将练习绘制立体键，主要用到圆角矩形工具、弧形工具、渐变工具、文字工具等工具。

Step 01 新建一个横向 A4 大小的空白文档。单击工具箱中的"圆角矩形工具" ▢ 按钮，在画板上单击鼠标，在弹出的"圆角矩形"对话框中，对所要绘制的圆角矩

形的参数进行设置，如图 2-90 所示，单击"确定"按钮完成绘制，如图 2-91 所示。

图 2-90

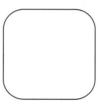

图 2-91

Step 02 选中绘制的圆角矩形，设置填充颜色，如图 2-92 所示。

Step 03 复制圆角矩形，放置于合适位置，如图 2-93 所示。

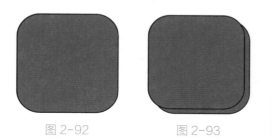

图 2-92　　　　　图 2-93

Step 04 选中上面一层的圆角矩形，鼠标双击工具箱中的"渐变工具" ■，在弹出的"渐变"面板中，设置渐变类型与参数，如图 2-94、图 2-95 所示。为便于管理，可以选中两个圆角矩形，执行"对象 > 编组"命令，将其编组。

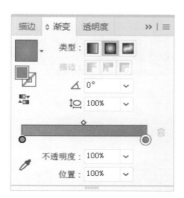

图 2-94

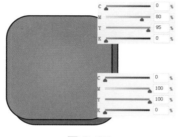

图 2-95

Step 05 单击工具箱中的"弧形工具" ⌒，按住鼠标在画板中拖拽绘制一条弧线，

如图 2-96 所示。设置弧线参数，如图 2-97 所示。

图 2-96

图 2-97

Step 06 单击工具箱中的"文字工具" T，在画板中输入文字，在控制栏中设置填充白色，描边无。在属性栏点开"字符"面板，设置字体参数，调整至合适位置，如图 2-98、图 2-99 所示。

图 2-98

图 2-99

至此，完成立体键的绘制。

课后作业 / 绘制一份请柬

项目需求

受某单位委托帮其设计年会晚宴电子请柬，要求简洁大方，具有活力与热情，信息明确。

项目分析

通过不同颜色与大小的圆形增加色彩，透明度不一的圆形叠加则为整个画面添加了活泼感；颜色上选择了比较暖一点的颜色，点缀蓝绿，给以一种轻松的感觉；中间留白部位输入文字，收拢视线，突出信息主题。

项目效果

效果如图2-100所示。

操作提示

Step01：使用椭圆形工具绘制圆形并填色。

Step02：在属性栏中设置透明度。

Step03：使用文字工具输入文字信息，设置字体、字号。

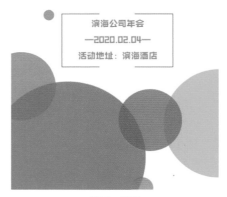

图2-100

第 3 章
图形对象的编辑

⭐ 内容导读

本章主要针对用于图形对象的编辑的命令进行讲解。矢量图形的绘制，离不开各种对图形对象的编辑，包括简单的旋转、移动、编组等，也包括稍微复杂点的分割、简化、自由变换等。学习这些命令，可以帮助用户更好地处理图形对象。

🎯 学习目标

○ 掌握管理对象的命令
○ 学会自由地编辑路径
○ 学会对象变换的技巧

3.1 管理对象

为了更便捷地管理画板中的图形对象，我们可以通过命令对图形做出排序、编组、对齐与分布、锁定与隐藏等操作，使画面更加整洁。接下来将针对如何管理对象来进行讲解。

3.1.1 复制、剪切、粘贴

复制和粘贴是两个相辅相成的命令。执行了复制命令，才可以进行粘贴；若不粘贴，那么执行了复制命令也没有意义。

选中画板中的图形，执行"编辑 > 复制"命令，或打开Ctrl+C组合键，此时对象被复制，如图3-1所示。

接着执行"编辑 > 粘贴"命令，或打开Ctrl+V组合键，此时被复制的对象就被粘贴在画板上，如图3-2所示。

若在选中对象后，执行"编辑 > 剪切"命令，或打开Ctrl+X组合键，被剪切的对象从画面中消失。

接着执行"编辑 > 粘贴"命令，被剪切的对象就会被粘贴在画板上，如图3-3所示。

图 3-1

图 3-2

图 3-3

在Illustrator中不仅有粘贴命令，还有其他粘贴方式。单击菜单栏中的"编辑"，在下拉菜单中可以看到五种不用的"粘贴"命令，如图3-4所示。

粘贴(P)	Ctrl+V
贴在前面(F)	Ctrl+F
贴在后面(B)	Ctrl+B
就地粘贴(S)	Shift+Ctrl+V
在所有画板上粘贴(S)	Alt+Shift+Ctrl+V

图 3-4

其中，各命令作用如下。

● 粘贴：将图像复制或剪切到剪切板后，执行"编辑 > 粘贴"命令或打开Ctrl +V组合键，将剪切板中的图像粘贴到当前文档中。

● 贴在前面：执行"编辑 > 贴在前面"命令或打开Ctrl+F组合键，将对象粘贴到文档中原始对象所在的位置，并将其置于当前层上对象堆叠的顶层。

●贴在后面：执行"编辑 > 贴在后面"命令或打开Ctrl+B组合键，图形将被粘贴到对象堆叠的底层或紧跟在选定对象之后。

●就地粘贴：执行"编辑 > 就地粘贴"命令或打开Ctrl+Shift+V组合键，可以将图稿粘贴到现用的画板中。

●在所有画板上粘贴：在剪切或复制图稿后，执行"编辑 > 在所有画板上粘贴"命令或打开Alt+Ctrl+Shift+V组合键，将所选的图稿粘贴到所有画板上。

图 3-6

3.1.2 对齐与分布对象

利用"对齐与分布"可以帮助用户调节多个图形间的排列，使画板更整洁。执行"窗口 > 对齐"命令，弹出"对齐"面板，如图3-5所示。

图 3-7

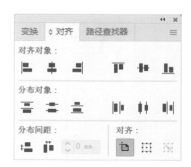

图 3-5

其中，各选项作用如下。

●水平左对齐▐▐：单击该按钮时，选中的对象将以最左侧的对象为基准，将所有对象的左边界调整到一条基线上，如图3-6、图3-7所示。

图 3-8

●水平居中对齐▐：单击该按钮时，选中的对象将以中心的对象为基准，将所有对象的垂直中心线调整到一条基线上，如图3-8、图3-9所示。

图 3-9

043

●水平右对齐：单击该按钮时，选中的对象将以最右侧的对象为基准，将所有对象的右边界调整到一条基线上，如图3-10、图3-11所示。

图 3-10

图 3-11

●顶部对齐：单击该按钮时，选中的对象将以顶部的对象为基准，将所有对象的上边界调整到一条基线上，如图3-12、图3-13所示。

图 3-12

图 3-13

●垂直居中对齐：单击该按钮时，选中的对象将以水平的对象为基准，将所有对象的水平中心线调整到一条基线上，如图3-14、图3-15所示。

图 3-14

图 3-15

●底部对齐：单击该按钮时，选中的对象将以底部的对象为基准，将所有对象的下边界调整到一条基线上，如图3-16、图3-17所示。

图 3-16

图 3-17

●垂直顶部分布 ：单击该按钮时，将平均每一个对象与顶部基线之间的距离，如图3-18、图3-19所示。

图 3-18

图 3-19

●垂直居中分布 ：单击该按钮时，将平均每一个对象与水平中心基线之间的距离。

●垂直底部分布 ：单击该按钮时，将平均每一个对象与底部基线之间的距离。

●水平左分布 ：单击该按钮时，将平均每一个对象与左侧基线之间的距离，如图3-20、图3-21所示。

图 3-20

图 3-21

●水平居中分布 ：单击该按钮时，将平均每一个对象与垂直中心基线之间的距离。

●水平右分布 ：单击该按钮时，将平均每一个对象与右侧基线之间的距离。

●对齐所选对象：相对于所有选定对象的定界框进行对齐或分布。

● 对齐关键对象：相对于一个锚点进行对齐或分布。

● 对齐画板：将所选对象按照当前的画板进行对齐或分布。

默认情况下对齐依据为"对齐所选对象"。

"对齐"面板底部的分部间距可以按照固定的间距分布对象。选中要分布的对象，然后在"关键对象"上单击，此时这个对象边缘会出现一种特殊的选中效果，如图3-22所示，并且对齐依据会自动更新为"对齐关键对象"。

在"对齐"面板中设置图形分布间距，然后单击"分布"，此时会以选中的关键对象为基准进行分布，且每个对象间的距离为设置的数值，如图3-23所示。

图 3-22

图 3-23

3.1.3　编组对象

编组可以帮助用户更好地管理与操作矢量图形。选中需要编组的对象，执行"对象 > 编组"命令，或按Ctrl+G组合键，或直接在画板中鼠标右击执行"编组"命令，即可将对象编组，如图3-24所示。

图 3-24

若需要单独选中组内的某个对象，可以使用单击工具箱中的"编组选择工具" ▷，单击即可，如图3-25、图3-26所示。

图 3-25

图 3-26

也可以单击工具箱中的"选择工具" ▶，鼠标在编组对象上双击，即可进入编组隔离模式，如图3-27所示。此时，可以单独选择编组内的某一对象，但编组外的对象不可选中。若需退出隔离模式，鼠标在编组对象以外的区域双击即可，如图3-28所示。

图 3-27

图 3-28

若要将编组后的对象取消编组，可以选中编组后的对象，执行"对象 > 取消编组"命令，或按Ctrl+Shift+G组合键，或直接在画板中鼠标右击执行"取消编组"命令。

选中要锁定的对象，执行"对象 > 锁定 > 所选对象"命令，或按Ctrl+2组合键，即可锁定选择对象，如图3-29、图3-30所示，被锁定的对象不可选中。

图 3-29

图 3-30

若要取消锁定，执行"对象 > 全部解锁"命令，或按Ctrl+Alt+2组合键，即可解锁文档中的所有锁定对象。

若想要单独解锁某一对象，则需要在"图层"面板中进行解锁。执行"窗口 > 图层"命令，在弹出的"图层"面板中单击要解锁的对象前方的"锁定图标" 🔒 即可，如图3-31所示。

3.1.4 锁定对象

在绘制图形的过程中，如果在对某一图形进行编辑又不想被其他图形影响时，可以暂时将其他图形锁定，被锁定的图形无法选中以及编辑。

图 3-31

3.1.5　隐藏对象

在Illustrator软件中，用户可以将部分暂时不需要的对象隐藏起来，需要时再显示。被隐藏的对象不可见、不可选择，也无法被打印出来，但是隐藏对象仍然存在于文档中，当文档关闭和重新打开时，隐藏对象会重新出现。

选中要隐藏的对象，如图3-32所示，执行"对象>隐藏>所选对象"命令，或打开Ctrl+3组合键，将所选对象隐藏，如图3-33所示。

图 3-32

图 3-33

若要显示隐藏的对象，执行"对象>显示全部"命令，或打开Ctrl+Alt+3组合键，即可将全部的隐藏对象显示出来。

若要显示单独的隐藏对象，则需要在"图层"面板中进行显示。执行"窗口>图层"命令，在弹出的"图层"面板中单击要显示的对象前方的"隐藏图标"即可，如图3-34所示。

图 3-34

如果隐藏某一对象上方的所有对象，可以选择该对象，然后执行"对象>隐藏>上方所有图稿"命令即可。

如果隐藏除所选对象或组所在图层以外的所有其他图层，执行"对象>隐藏>其他图层"命令。

3.1.6　对象的排列顺序

用户在使用Illustrator软件绘制图形的过程中，不可避免地会绘制多个对象，这些对象在画板中有着一定的排列顺序，执行"排列"命令更改其排列顺序，可以调整作品效果。

选中要调整顺序的对象，如图3-35所示，执行"对象>排列"命令，在子菜单中包含多个调整对象排列顺序的命令，执行"对象>排列>置于顶层"命令，效果如图3-36所示。

图 3-35

图 3-36

接下来，对子菜单中的命令进行讲解。

● 执行"对象 > 排列 > 置于顶层"命令，将对象移到其组或图层中的顶层位置。

● 执行"对象 > 排列 > 前移一层"命令，将对象按堆叠顺序向前移动一个位置。

● 执行"对象 > 排列 > 后移一层"命令，将对象按堆叠顺序向后移动一个位置。

● 执行"对象 > 排列 > 置于底层"命令，将对象移至组或图层中的底层位置。

课堂练习 绘制计算器

本案例将练习绘制一款计算器，涉及的知识点有对象的对齐与分布、编组、锁定等，主要用到的工具包括"圆角矩形工具" □、"椭圆工具" ● 等。

扫一扫 看视频

Step 01 新建一个横向 A4 大小的空白文档，如图 3-37 所示。单击工具箱中的"矩形工具" □，绘制一个与画板等大的矩形，在属性栏中设置颜色，效果如图 3-38 所示。选中该矩形，执行"对象 > 锁定 > 所选对象"命令，锁定矩形。

图 3-37

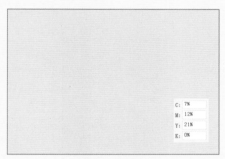

图 3-38

Step 02 单击工具箱中的"圆角矩形工具" □，在画板中合适位置绘制一个圆角矩形，如图 3-39 所示。选中该圆角矩形，在属性栏中设置参数，完成后效果如图 3-40 所示。

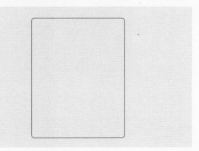

图 3-39

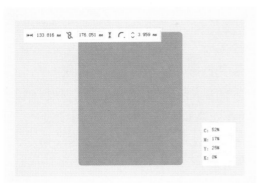

图 3-40

Step 03 选中上步中绘制的圆角矩形，执行"编辑 > 复制"命令，接着执行"编辑 > 粘贴"命令，在画板中复制圆角矩形，如图 3-41 所示。修改其颜色，移动其位置，并选中两圆角矩形，按 Ctrl+G 组合键将其编组，如图 3-42 所示。

图 3-41

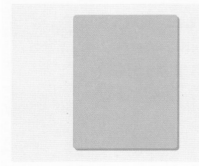

图 3-42

Step 04 单击工具箱中的"圆角矩形工具" ▢，在画板中合适位置继续绘

制圆角矩形，并填充颜色，完成后效果如图 3-43 所示。

Step 05 选中上步中绘制的圆角矩形，使用"刻刀工具" ✐，按住 Alt 键拖拽分割圆角矩形，并设置参数，如图 3-44 所示。

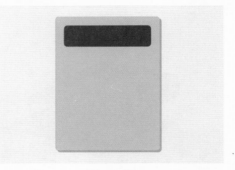

图 3-43

图 3-44

Step 06 继续上述操作，绘制圆角矩形作为高光，如图 3-45、图 3-46 所示。

图 3-45

图 3-46

Step 07 继续上述操作，绘制小圆角矩形作为按键并复制，如图 3-47、图 3-48 所示。选中两圆角矩形，按 Ctrl+G 组合键将其编组。

图 3-47

图 3-48

Step 08 选中上步中的编组对象，复制并调整至合适大小，如图 3-49 所示。

Step 09 选中上步中复制的图形，执行"窗口 > 对齐"命令，在弹出的"对齐"面板中设置对齐方式为"水平居中分布" ⇌，如图 3-50 所示。

图 3-49

图 3-50

Step 10 重复上述步骤，设置对齐与分布，如图 3-51、图 3-52 所示。

图 3-51

图 3-52

至此，完成计算器的绘制。

3.2 编辑路径对象

在Illustrator软件中，若需对创建好的路径进行编辑，有多种方式。执行"对象 > 路径"命令，在弹出的子菜单中即可看到路径编辑的命令，如图3-53所示。

图 3-53

接下来，对对象菜单中的重要命令来进行讲解。

3.2.1 连接

"连接"命令既可以将开放路径闭合，也可以连接多个路径。

（1）闭合开放路径

若想闭合开放路径，选中该开放路径，执行"对象 > 路径 > 连接"命令，即可看到开放路径端点连接，开放路径变为闭合路径，如图3-54、图3-55所示。

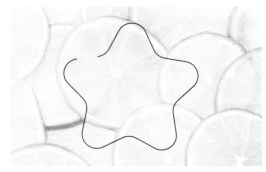

图 3-54

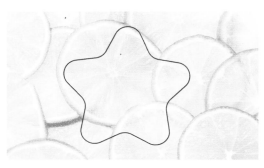

图 3-55

（2）连接多个路径

若想连接两条路径，单击工具箱中的"直接选择工具" ▷，选择两个路径上需要连接的锚点，执行"对象 > 路径 > 连接"命令，即可看到路径被连接，如图3-56、图3-57所示。

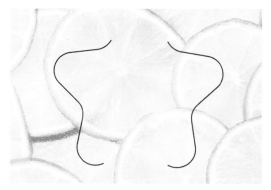

图 3-56

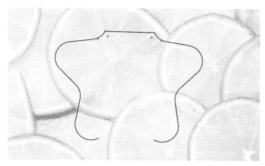

图 3-57

3.2.2　平均

　　"平均"命令可以将选择的锚点排列在同一条水平线或垂直线上。

　　执行"对象 > 路径 > 平均"命令，或打开Ctrl+Alt+J组合键，弹出"平均"面板，如图3-58所示。在"平均"面板中可以设置"轴"为"水平""垂直"或"两者兼有"。如选择"水平"单选，所有的锚点排列在一条水平线上，如图3-59所示。

图 3-58

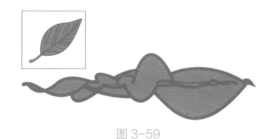

图 3-59

3.2.3　轮廓化描边

　　轮廓化描边是依附于路径存在的，执行轮廓化描边可以将路径转换为独立的填充对象。转换后的描边具有自己的属性，可以进行颜色、粗细、位置的更改。

　　选择一个带有描边的图形，执行"对象 > 路径 > 轮廓化描边"命令，鼠标右击，在弹出的下拉菜单中执行"取消编组"命令取消编组，选择描边进行拖拽，可看到描边部分被转换为轮廓，并能独立设置和填充描边内容，如图3-60、图3-61所示。

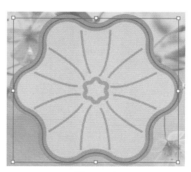

图 3-60

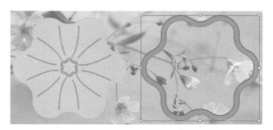

．图 3-61

3.2.4　偏移路径

　　偏移路径可以放大或收缩路径的位置。

　　选中一个图形，如图3-62所示，执行"对象 > 路径 > 偏移路径"命令，在弹出的"偏移路径"对话框中设置合适的参数，单击"确定"，此时可以看到画板中被选中的图形被复制了一份，并做出了相应的调整，如图3-63所示。

图 3-62

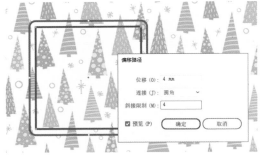

图 3-63

接下来，对"偏移路径"面板中的选项进行讲解。

●位移：用于调整路径偏移的距离。

●连接：用于调整路径偏移后尖角的效果，有"斜接""圆角""斜角"三种。

●斜接限制：当"连接"设置为"斜接"时，限制"斜接"效果。当尖角处长度距离大于"斜接限制"时，尖角自动变为"斜角"连接，如图3-64、图3-65所示。

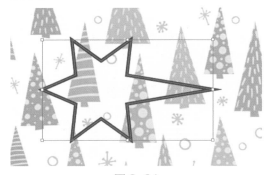

图 3-64

图 3-65

位移数值为正值时，路径向外扩大；为负值时，路径向内缩小。

3.2.5 简化

"简化"命令可以删除路径中多余的锚点，并且减少路径的细节。

选择路径，如图3-66所示，执行"对象>路径>简化"命令，在弹出的对话框中设置参数，单击"确定"，简化效果如图3-67所示。

图 3-66

图 3-67

"单击对话框右侧 ... 按钮，可打开"简化"对话框，在此可对路径锚点进行详细设置。"

● 曲线精度：简化路径与原始路径的接近程度。越高的百分比将创建越多点并且越接近。如图3-68、图3-69所示分别为不同百分比的简化路径。

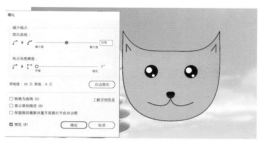

图 3-68

图 3-69

● 角度阈值：控制角的平滑度。如果角点的角度小于角度阈值，将不更改该角点。如果曲线精度值低，该选项将保持角锐利。

● 直线：在对象的原始锚点间创建直线。如果角点的角度大于角度阈值中设置的值，将删除角点，如图3-70所示。

图 3-70

● 显示原路径：显示简化路径背后的原路径，如图3-71所示。

图 3-71

3.2.6 添加锚点

执行"添加锚点"命令可以快速为路径添加锚点，但不会改变路径原有的形态。

选中画板中的图形，如图3-72所示。执行"对象 > 路径 > 添加锚点"命令，可以快速且均匀地在路径上添加锚点，如图3-73所示。

图 3-72

图 3-73

3.2.7　移去锚点

执行"移去锚点"命令可以将选中的
锚点删除，并保持路径的连续。

选中要移去的锚点，如图3-74所
示。执行"对象 > 路径 > 移去锚点"命
令，即可移去锚点，如图3-75所示。

图 3-76

图 3-74

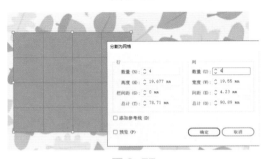

图 3-77

接下来，对"分割为网格"面板中的
选项进行讲解。

●数量：输入相应的数值，定义对应
的行或列的数量。

●高度：输入相应的数值，定义每一
行/列的高度。

●栏间距：输入相应的数值，定义
行/列与行/列之间的距离。

●总结：输入相应的数值，定义网格
整体的尺寸。

●添加参考线：勾选该复选框时，将
按照相应的表格自动定义出参考线。

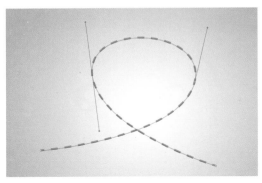

图 3-75

知识点拨

选中锚点的情况下，单击属性栏中的
"删除所选锚点" 🐭 也可将其删除。

3.2.8　分割为网格

"分割为网格"命令可以将封闭路径
对象转换为网格。

选中要分割为网格的路径，如图

3.2.9　清理

"清理"命令可以快速删除文档中的

游离点、未上色对象以及空文本路径。

执行"对象 > 路径 > 清理"命令，在弹出的"清理"对话框中设置要清理的对象，如图3-78所示，设置完成后单击"确定"，即可将勾选的对象清理掉。

图 3-78

接下来，对"清理"对话框中的选项进行讲解。

● 游离点：勾选该复选框将删除没有使用的单独锚点对象。

● 未上色对象：勾选该复选框将删除没有带有填充和描边颜色的路径对象。

● 空文本路径：勾选该复选框将删除没有任何文字的文本路径对象。

知识延伸

新版本的"路径"功能新增了一个"平滑"命令。该命令可将绘制的路径变得更为平滑、流畅。选择好路径后，执行"对象>路径>平滑"命令，在打开的对话框中向右拖动滑块可增加路径的平滑程度，如图3-79所示。

图 3-79

3.2.10 路径查找器

"路径查找器"面板是Illustrator软件中经常用到的面板之一。该面板可对重叠的对象通过指定的运算形成复杂的路径，以得到新的矢量图形。在标志设计、字体设计中使用频率比较高。

执行"窗口 > 路径查找器"命令或按Shift+Ctrl+F9组合键，弹出"路径查找器"面板，如图3-80所示。

选择需要操作的对象，如图3-81所示。在"路径查找器"面板中单击相应的按钮，即可实现不同的应用效果。

图 3-80

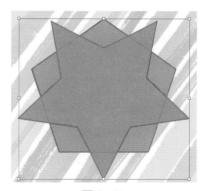

图 3-81

接下来，对"路径查找器"面板中的各个进行讲解。

● 联集：合并选取的图形，且以顶层图形的颜色填充图形，如图3-82所示。

● 减去顶层：从最后面的对象减去最前面的对象，如图3-83所示。

● 交集：得到选取图形重叠的区域，如图3-83所示。

● 差集：减去选取图形重叠的区域，未重叠的区域合并成一个编组图形，如图3-84所示。

图 3-82

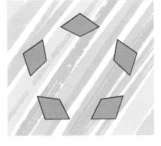
图 3-83

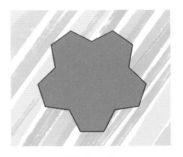
图 3-84

知识延伸

若选中的图形中有一个图形整个在另一个图形内部，那么单击"差集"后，重叠区域会变为透明，取消编组可移动重叠区域，如图3-86、图3-87所示。

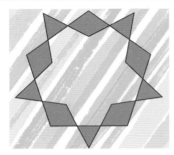
图 3-85

图 3-86

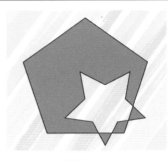
图 3-87

●分割：将一份图稿分割为其构成部分的填充表面。将图形分割后，可以将其取消编组查看分割效果，如图3-88所示。

●修边：删除已填充对象被隐藏的部分。会删除所有描边且不会合并相同颜色的对象。将对象修边后，可以将其取消编组查看修边效果，如图3-89所示。

●合并：删除已填充对象被隐藏的部分，且会合并具有相同颜色的相邻或重叠的对象，如图3-90所示。

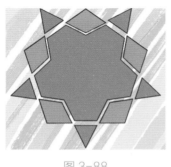
图 3-88

图 3-89

图 3-90

●裁剪：将图稿分割为其构成部分的填充表面，然后删除图稿中所有落在最上方对象边界之外的部分，还会删除所有描边，如图3-91所示。

- 轮廓：将对象分割为其组件线段或边缘，如图3-92所示。
- 减去后方对象：从最前面的对象中减去后面的对象，如图3-93所示。

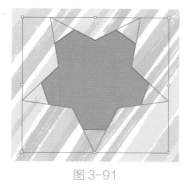

图3-91

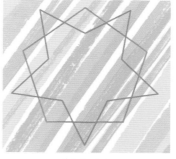

图3-92

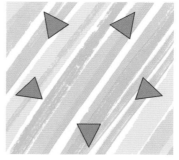

图3-93

3.2.11　形状生成器工具

"形状生成器工具" ⬤可以将多个简单图形合并为一个复杂的图形，还可以分离、删除重叠的形状，快速生成新的图形。

选中画板中的图形，如图3-94所示。单击工具箱中的"形状生成器工具" ⬤，将光标移动至图形的上方时，光标将会变为▸状，图形上会出现特殊阴影，如图3-95所示。

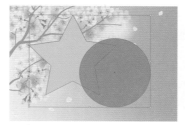

图3-94

图3-95

在图形上方拖拽鼠标，如图3-96所示。松开鼠标即可看到一个新的图形，如图3-97所示。

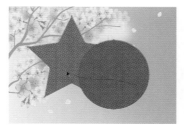

图3-96

图3-97

操作提示

若鼠标单击图形各部分，可将各部分分割，每部分可以单独选择、操作等，默认填充色为顶层图形的颜色，如图3-98、图3-99所示。

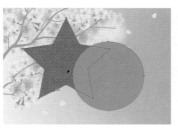

图3-98

图3-99

若想要删除图形，可以按住Alt键，此时光标变为▶状，如图3-100所示。在需要删除的位置单击鼠标即可将其删除，如图3-101所示。

图 3-100

图 3-101

若需要删除连续的图形，可以按住鼠标拖拽进行删除，如图3-102、图3-103所示。

图 3-102

图 3-103

📝 **课堂练习** / 制作古典图案

本案例将练习绘制古典图案，涉及的知识点包括旋转、偏移路径等，主要用到的工具有"钢笔工具" ✏ 等。

Step 01 新建一个 80mm×80mm 的空白文档。单击工具箱中的"矩形工具" ▫，绘制与画板等大的矩形并填色，如图 3-104 所示。选中该矩形，执行"对象 > 锁定 > 所选对象"命令，锁定矩形。

Step 02 单击工具箱中的"钢笔工具" ✏，在画板中合适位置绘制图案，如图 3-105 所示。

图 3-104   图 3-105

Step 03 在绘制图案内部继续绘制图案，如图 3-106 所示。

Step 04 选中上步中绘制的图案，在属性栏中设置颜色，完成后效果如图 3-107 所示。

Step 05 选中绘制的图形，鼠标右击，在弹出的菜单中，选择"建立复合路径"选项，

图 3-106   图 3-107

完成后效果如图 3-108 所示。

Step 06 ▶ 选中复合路径对象，单击工具箱中的"旋转工具" ↻ ，按住 Alt 键拖动中心点至画板中心，在弹出的"旋转"对话框中设置参数，单击"复制"，重复 2 次，完成后效果如图 3-109 所示。

Step 07 ▶ 单击工具箱中的"钢笔工具" ✎ ，在画板中继续绘制图案 2，如图 3-110 所示。

图 3-108   图 3-109   图 3-110

Step 08 ▶ 选中上步中绘制的图案 2，执行"对象 > 路径 > 偏移路径"命令，在弹出的"偏移路径"对话框中设置合适的参数，单击"确定"，如图 3-111 所示。

Step 09 ▶ 上步完成后如图 3-112 所示。隐藏图案 2。选中偏移的路径，填充颜色，如图 3-113 所示。为便于管理，选中本步骤中填充颜色的图形，按 Ctrl+G 组合键将其编组。

图 3-111

Step 10 ▶ 选中编组图形，单击工具箱中的"旋转工具" ↻ ，按住 Alt 键拖动中心点至画板中心，在弹出的"旋转"对话框中设置参数，单击"复制"，重复 2 次，完成后效果如图 3-114 所示。

图 3-112   图 3-113   图 3-114

Step 11 ▶ 单击工具箱中的"钢笔工具" ✎ ，在画板中继续绘制图案 3 如图 3-115 所示。

Step 12 选中上步中绘制的图案3，在属性栏中填充颜色。鼠标右击，在弹出的菜单中，选择"建立复合路径"选项，完成后效果如图3-116所示。

Step 13 选中复合路径对象，单击工具箱中的"旋转工具" ，按住 Alt 键拖动中心点至画板中心，在弹出的"旋转"对话框中设置参数，单击"复制"，重复2次，完成后效果如图3-117所示。

图 3-115　　　　　　　　　　图 3-116　　　　　　　　　　图 3-117

至此，完成古典图案的绘制。

3.3　对象变换工具

在绘图过程中，常常需要对画板中的图形进行移动、旋转、镜像、缩放、倾斜、自由变换等操作，Illustrator软件中提供了多种对象变换工具帮助绘图。本节对对象变换工具进行讲解。

3.3.1　移动工具

单击工具箱中的"选择工具" ，选中要移动的对象，按住鼠标拖拽，即可将选中的对象移动，也可在选中对象后，按键盘的"↑""↓""←""→"键进行位置的微调。

若想精准地移动对象的位置，可以双击工具箱中的"选择工具" ，或者执行"对象＞变换＞移动"命令，或按Shift+Ctrl+M组合键，在弹出的"移动"面板中进行设置，设置完成后单击"确定"，如图3-118所示。

接下来，对"移动"面板中的选项进行讲解。

图 3-118

●位置：定义对象在画板上的水平定位位置和垂直定位位置。

●距离：定义对象移动的距离。

●角度：定义对象移动的方向。

●选项：当对象中填充了图案时，定义对象移动的部分。

在移动对象的同时按Alt键拖动，可以复制选中的对象。

3.3.2 旋转工具

选中画板中的对象，将鼠标移动至选中对象定界框的角点处，此时，鼠标变为↰状，按住鼠标拖动即可旋转对象，如图3-119所示。同时按Shift键，可以以45°角倍增进行旋转，如图3-120所示。

图 3-119

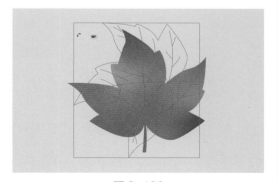

图 3-120

也可以选中画板中的对象，单击工具箱中的"旋转工具" ↻ ，或按R键，此时鼠标变为✢状，在画板中按住鼠标拖拽旋转，即可旋转对象，如图3-121所示。在选择旋转工具的状态下，选中的对象中心位置有个"中心点" ✦ ，"中心点"位置移动后旋转中心也会随之改变，如图3-122所示。

图 3-121

图 3-122

若想精准地旋转对象，可以双击工具箱中的"旋转工具" ↻ ，或执行"对象 > 变换 > 旋转"命令，在弹出的"旋转"对话框中设置参数，设置完成后单击"确定"，如图3-123所示。也可单击"复制"，即可将选中的对象复制一份并旋转，

图 3-123

如图3-124所示。

图 3-124

3.3.3 镜像工具

"镜像工具" ⋈可以将选中的对象绕一条不可见的轴进行翻转。

选中要镜像的对象，单击工具箱中的"镜像工具" ⋈，鼠标在对象外侧拖动设置角度，释放鼠标后即可完成镜像，如图3-125、图3-126所示。

图 3-125

图 3-126

若想以精准的角度镜像对象，可双击工具箱中的"镜像工具" ⋈，或执行"对象 > 变换 > 对称"命令，在弹出的"镜像"对话框中设置参数，设置完成后单击"确定"，如图3-127所示。也可单击

图 3-127

"复制"，即可将选中的对象复制一份并镜像，如图3-128所示。

图 3-128

3.3.4 比例缩放工具

"比例缩放工具" ⊡可以在不改变对象基本形状的前提下，改变对象的尺寸。

选中要进行比例缩放的对象，单击工具箱中的"比例缩放工具" ⊡或按S键，然后按住鼠标进行拖拽，即可按比例缩放选中对象，如图3-129、图3-130所示。

图 3-129

图 3-130

若想精准地缩放对象，可以双击工具箱中的"比例缩放工具" ，或者执行"对象 > 变换 > 缩放"命令，在弹出的"比例缩放"对话框中设置参数，设置完成后单击"确定"，如图3-131所示。如图3-132所示为缩放后的效果。

图 3-131

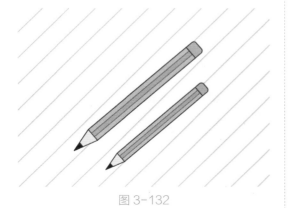

图 3-132

接下来，对"比例缩放"对话框中的部分选项进行讲解。

● 等比：勾选"等比"选项，可以控制等比缩放的百分比。

● 不等比：勾选"不等比"选项，可以分别设置水平和垂直缩放的百分比。

● 比例缩放描边和效果：勾选"比例缩放描边和效果"复选框即可随对象一起对描边路径以及任何与大小相关的效果缩放进行缩放。

操作提示

选中要进行比例缩放的对象，单击工具箱中的"选择工具" ▶，将鼠标移动至选中对象的定界框角点处，按住鼠标进行拖拽也可缩放对象。按住Shift键拖拽可以等比缩放。

3.3.5 倾斜工具

"倾斜工具" 可以使所选对象沿水平方向或垂直方向倾斜，也可以按照特定角度倾斜对象。

选中需要倾斜的对象，单击工具箱中的"倾斜工具" ，按住鼠标进行拖拽，即可对所选对象进行倾斜处理，如图3-133、图3-134所示。

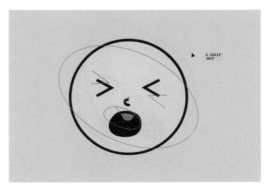

图 3-133

图 3-134

若想精准地倾斜对象，可以双击工具箱中的"倾斜工具" ☞，或执行"对象 > 变换 > 倾斜"命令，在弹出的"倾斜"对话框中设置参数，设置完成后单击"确定"，如图3-135所示。也可单击"复制"，即可将选中的对象复制一份并倾斜，如图3-136所示。

图 3-135

图 3-136

接下来，对"倾斜"对话框中的选项进行讲解。

● 倾斜角度：定义对象倾斜的角度。

● 轴：定义对象倾斜轴。勾选"水平"选项，对象可以水平倾斜；勾选"垂直"选项，对象可以垂直倾斜；勾选"角度"选项，可以调节倾斜的角度。

● 选项：该选项只有在对象填充了图案的时候才能使用。选择变换对象时将只能倾斜对象；选择变换图案时对象中填充的图案将会随着对象一起倾斜。

3.3.6　整形工具

"整形工具" ⤳可以通过简单的操作使对象产生变形的效果。

选中一段开放路径，单击工具箱中的"整形工具" ⤳，鼠标在路径上单击即可为路径增加锚点，拖拽锚点可使路径变形，如图3-137、图3-138所示。

图 3-137

图 3-138

若需要整形的对象是闭合路径，可以单击工具箱中的"直接选择工具" ▷.，选中需要整形的对象的一段路径，如图3-139所示。然后单击工具箱中的"整形工具" ￥，鼠标在路径上操作即可使路径变形，如图3-140所示。

图 3-139

图 3-140

3.3.7 自由变换工具

"自由变换工具" ▣可以直接对矢量

图形进行旋转、倾斜、扭曲等操作。

选中需要进行自由变换的图形，单击工具箱中的"自由变换工具" ▣，会弹出一组隐藏的工具，如图3-141所示。从中可以选择需要用到的工具进行操作，如图3-142所示。

 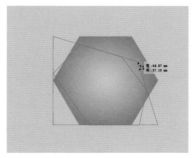

图 3-141　　　　　　　图 3-142

接下来，对隐藏的工具列进行讲解。

（1）限制

单击"限制" ▨，接着使用"自由变换工具" ▣进行缩放时，就会按等比缩放；旋转时，会按45°角倍增旋转；倾斜时，沿水平或者垂直方向倾斜。

（2）自由变换

单击"自由变换" ▣，可对选中的对象进行缩放、旋转、移动、倾斜等操作。当鼠标位于选中图形定界框角点时，鼠标变为 ↘ 状，此时可缩放选中图形，如图3-143、图3-144所示。

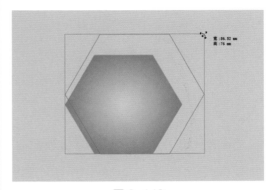

图 3-143

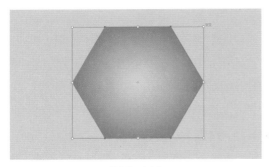

图 3-144

当鼠标位于选中图形定界框边缘时，鼠标变为 ✛ 状，此时可对选中对象进行倾斜操作，如图3-145、图3-146所示。

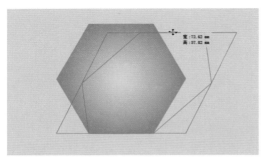

图 3-145

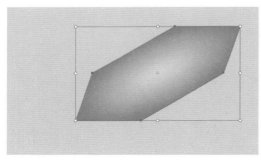

图 3-146

（3）透视扭曲

单击"透视扭曲" ▱，拖动控制点可以使矢量图形产生透视效果，如图3-147所示。

（4）自由扭曲

单击"自由扭曲" ▱，可以对矢量图形进行自由扭曲变形，如图3-148所示。

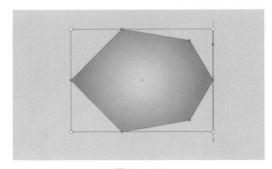

图 3-147

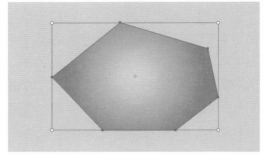

图 3-148

封套扭曲变形工具

封套扭曲可以对矢量图形和位图进行变形操作，去除封套后，进行封套扭曲的对象恢复原形态。Illustrator软件中建立封套扭曲的方式主要有用变形建立、用网格建立和用顶层对象建立三种，如图3-149所示。

图 3-149

接下来，对这三种封套扭曲方式进行讲解。

（1）用变形建立

"用变形建立"命令可以使图形按照特定的变形方式进行变形。

选中画板中需要变形的对象，执行"对象＞封套扭曲＞用变形建立"命令，在弹出的"变形选项"面板中设置参数，如图3-150所示。完成设置后，单击"确定"，如图3-151所示。

图 3-150

图 3-151

其中，"变形选项"面板中各选项作用如下。

●样式：定义不同的变形样式。

●水平/垂直：定义对象扭曲方向。如图3-152、图3-153所示分别为水平、垂直的变形效果。

图 3-152

图 3-153

●弯曲：定义对象弯曲程度。如图3-154、图3-155所示分别为"弯曲"为30%和50%的变形效果。

图 3-154

图 3-155

●水平扭曲：定义对象水平方向的透视扭曲变形程度。如图3-156、图3-157所示分别为"水平扭曲"为-30%和30%的变形效果。

图 3-156

图 3-157

● **垂直扭曲**: 定义对象垂直方向的透视扭曲变形程度。如图3-158、图3-159所示分别为"垂直扭曲"为-30%和30%的变形效果。

图 3-158

图 3-159

（2）用网格建立

"用网格建立"命令可以在需要变形的对象表面添加网格，通过更改网格点的位置来实现对象的变形。

选中画板中需要变形的图形，执行"对象 > 封套扭曲 > 用网格建立"命令，在弹出的"封套网格"对话框中设置参数，如图3-160所示。

图 3-160

设置完成后单击"确定"，即可在对象上看到封套网格。接着单击工具箱中的"直接选择工具" ▷.，选中并拖动网格点即可对对象进行变形，如图3-161所示。

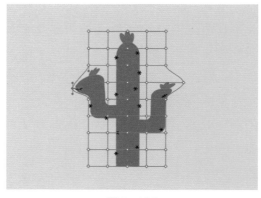

图 3-161

（3）用顶层对象建立

"用顶层对象建立"命令是以顶层对象为基本轮廓，去变换底层对象的形状。顶层对象需为矢量图形，底层对象可以是矢量图形，也可以是位图图形。

选中两个图形，如图3-162所示，执行"对象 > 封套扭曲 > 用顶层对象建立"命令，顶层对象会被隐藏，底层对象产生扭曲效果，如图3-163所示。

图 3-162　　　　　图 3-163

若想取消封套效果，选中封套扭曲的对象，执行"对象 > 封套扭曲 > 释放"命令，即可将封套对象恢复至原形态，且保留封套部分。

3.3.9 **再次变换对象**

"再次变换"命令可以使对象重复上一次的变换进行变换。

选中画板中的图形对象，并将其旋转复制，如图3-164所示，此时默认选中的是复制的对象，执行"对象 > 变换 > 再次变换"命令，或按Ctrl+D组合键，可以看到对象又被旋转复制，重复几次，如图3-165所示。

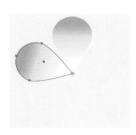 

图 3-164　　　　　图 3-165

3.3.10 **分别变换对象**

"分别变换"命令可以使选中的多个对象按照各自的中心点进行单独变换。

选中多个对象，如图3-166所示。执行"对象 > 变换 > 分别变换"命令，或按Ctrl+Shift+Alt+D组合键，在弹出的"分别变换"对话框中设置参数，如图3-167所示。

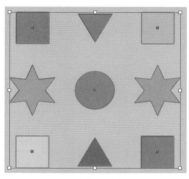

图 3-166

图 3-167

接着单击"确定"，即可对选中的对象分别变换，如图3-168所示。若在"分别变换"对话框中勾选了"随机"复选框，将对调整的参数进行随机变换，如图3-169所示。

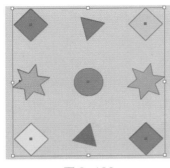

图 3-168

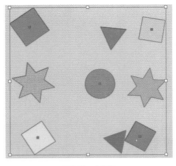

图 3-169

扫一扫 看视频

本案例将练习绘制一个闹钟,主要用到"椭圆工具" ⬭ 、"直线段工具" ╱ 等工具,涉及的知识点包括旋转、移动等。

Step 01 新建一个 80mm×80mm 的空白文档,如图 3-170 所示。单击工具箱中的"矩形工具" ▭,绘制一个和画板等大的矩形,在属性栏中设置颜色,效果如图 3-171 所示。选中该矩形,执行"对象 > 锁定 > 所选对象"命令,锁定矩形。

图 3-170　　　　　　　　　　图 3-171

Step 02 单击工具箱中的"椭圆工具" ⬭,在画板合适位置按住 Shift 键拖拽鼠标绘制正圆作为外框,在属性栏设置颜色,完成后效果如图 3-172 所示。

Step 03 选中上步中绘制的圆形外框,按住 Alt 键拖拽复制,调整下大小和位置,在属性栏中设置颜色,完成后效果如图 3-173 所示。

Step 04 继续复制外框作为钟面,选中钟面,调整排列顺序至顶层,单击工具箱中的"比例缩放工具" ⬚,按住 Shift 键拖拽鼠标至合适位置,松开鼠标后,在属性栏中设置填充色,如图 3-174 所示。

　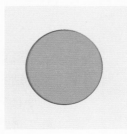　

图 3-172　　　　　　　图 3-173　　　　　　　图 3-174

Step 05 重复上述步骤，绘制指针中心，如图 3-175 所示。

Step 06 使用"直线段工具" ，绘制指针，如图 3-176 所示。

Step 07 使用"直线段工具" ，绘制直线段。选中绘制的线段，使用"旋转工具" ，
按住Alt键将选中的线段中心点移至圆形中心点处，如图3-177所示。

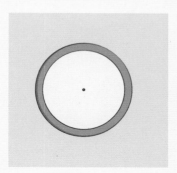

图 3-175

图 3-176

图 3-177

Step 08 在弹出的旋转对话框中设置参数，单击"复制"，效果如图 3-178 所示。

Step 09 接着执行"对象>变换>再次变换"命令，重复命令，如图 3-179、图 3-180
所示。

图 3-178

图 3-179

图 3-180

Step 10 使用"椭圆工具" ，在画板合适位置按住 Shift 键拖拽鼠标绘制正圆，
并调整图层位置，如图
3-181 所示。

Step 11 复制圆形外框，
使用"比例缩放工具" ，
按住 Shift 键拖拽鼠标至
合适位置，松开鼠标后效
果如图 3-182 所示。

Step 12 选中上述两步中
绘制的正圆和复制的圆形

图 3-181

图 3-182

外框，执行"窗口>路径查找器"命令，在弹出的"路径查找器"面板中选择"减去顶层"，得到闹铃，效果如图 3-183 所示。

图 3-183

Step 13 选中闹铃，使用"镜像工具" ▶◀，按住 Alt 键将圆形中心点移至钟面的中轴线上，在弹出的"镜像"对话框中设置参数，设置完成后单击"确定"，如图 3-184 所示。

Step 14 使用"矩形工具" ▣，绘制矩形并镜像复制，如图 3-185 所示。

Step 15 继续绘制矩形，如图 3-186 所示。

图 3-184

图 3-185

图 3-186

Step 16 使用"椭圆工具" ◯，绘制圆形，如图 3-187 所示。

Step 17 使用"钢笔工具" ✎，在合适位置绘制高光，如图 3-188 所示。

Step 18 重复上一步骤，绘制高光图形，如图 3-189 所示。

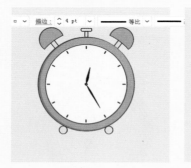

图 3-187

图 3-188

图 3-189

Step 19 使用"椭圆工具" ◯，绘制圆形，如图 3-190 所示。

Step 20 执行"效果>风格化>羽化"命令，打开"羽化"对话框。在对话框中设置参数，设置完成后效果如图 3-191 所示。在属性栏中设置不透明度，为图像添加透明效果，完成后效果如图 3-192 所示。

图 3-190

图 3-191

图 3-192

至此，完成闹钟的绘制。

3.4　混合工具

"混合工具" 可以在多个矢量对象之间生成一系列的中间对象，从而达到颜色的混合以及形状的混合。

3.4.1　创建混合

创建混合有使用"混合工具" 和执行"对象 > 混合"命令两种方式。本节将通过实例的制作对混合工具进行介绍。

课堂练习　制作毛绒数字

本案例将通过绘制毛绒数字来讲解混合工具的应用，主要用到的工具包括钢笔工具、椭圆工具等，涉及的知识点包括混合工具的应用以及效果的添加。

扫一扫 看视频

Step 01　打开 Illustrator 软件，新建一个 80mm×60mm 的空白文档。单击工具箱中的"矩形工具" ，绘制与画板等大的矩形并填色，如图 3-193 所示。

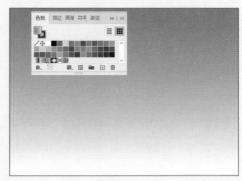

图 3-193

Step 02　选中绘制的矩形，按 Ctrl+C 组合键复制，按 Ctrl+F 组合键贴在前面，调整复制对象大小，如图 3-194 所示。选中两个矩形对象，

075

执行"对象 > 锁定 > 所选对象"命令，锁定对象。

图 3-194

Step 03 按住 Shift 键，使用"椭圆工具" ◯ 在画板中绘制正圆，在属性栏中调整合适的渐变填充，如图 3-195 所示。选中绘制的正圆，按住 Alt 键拖拽复制，如图 3-196 所示。

图 3-195

图 3-196

Step 04 双击工具箱中的"混合工具" ◱，在弹出的"混合选项"对话框中设置参数，如图 3-197 所示。设置完成后单击"确定"，在两个正圆上分别单击，创建混合，如图 3-198 所示。

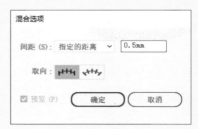

图 3-197

图 3-198

知识点拨

建立混合的对象可以选择多个。

Step 05 选择画面中的混合对象，可以看到两个选中对象之间有一个线段，这个线段叫作混合轴，如图 3-199 所示。

Step 06 混合轴还可被其他复杂的路径替换。使用钢笔工具在画板中绘制路径，如图 3-200 所示。

图 3-199

图 3-200

Step 07 选中混合对象，按 Ctrl+C 组合键复制，按 Ctrl+F 组合键贴在前面。选中复制对象和绘制的路径，如图 3-201 所示。执行"对象 > 混合 > 替换混合轴"命令，此时混合轴被所选路径替换，如图 3-202 所示。

图 3-201

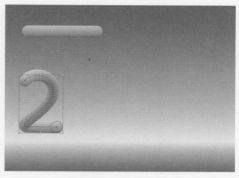

图 3-202

Step 08 选中路径混合对象，执行"效果 > 扭曲和变换 > 粗糙化"命令，打开"粗糙化"对话框，在该对话框中设置参数，如图 3-203 所示。完成后单击"确定"按钮，效果如图 3-204 所示。

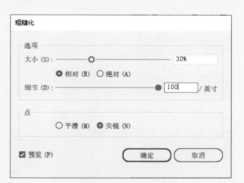

图 3-203

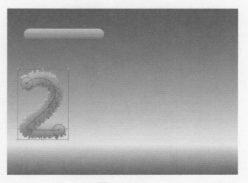

图 3-204

Step 09 选中添加了效果的对象，按住 Alt 键拖拽复制，如图 3-205 所示。

默认情况下，混合轴是一条直线。像路径一样，混合轴也可以使用钢笔工具组中的工具和直接选择工具进行调整，调整后混合对象的排列即会发生相应的变换。

Step 10 使用"直接选择工具" ▷，调整复制对象的混合轴，效果如图 3-206 所示。

图 3-207

图 3-205

图 3-208

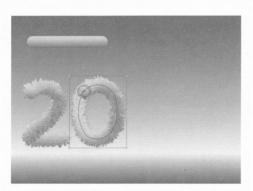

图 3-206

Step 11 选中调整了混合轴的混合对象，执行"对象 > 混合 > 反向混合轴"命令，使混合轴发生翻转，改变混合顺序，效果如图 3-207 所示。

Step 12 选中添加了效果的混合对

Step 13 混合对象具有堆叠顺序，选择最右端的混合对象，如图 3-209 所示。执行"对象 > 混合 > 反向堆叠"命令，改变混合对象的堆叠顺序，效果如图 3-210 所示。

图 3-209

图 3-210

知识点拨

创建混合后，形成的混合对象是一个由图形和路径组成的整体。"扩展"会将混合对象混合分割为一系列独立的个体。

Step 14 选择混合对象，执行"对象 > 混合 > 扩展"命令，扩展混合对象，如图 3-211 所示。

图 3-211

Step 15 被拓展的对象为一个编组，选中编组，鼠标双击进入编组模式，即可对单个对象进行调整,如图 3-212 所示。

图 3-212

至此，完成混合工具应用的讲解。

知识点拨

若想取消混合效果，执行"对象 > 混合 > 释放"命令，即可释放混合对象。

3.4.2 设置混合间距与取向

双击混合工具，弹出"混合工具"面板，对混合选项面板的"间距"和"取向"进行设置，如图3-213所示。

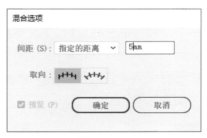

图 3-213

"混合选项"对话框中的"间距"参数用于定义对象之间的混合方式，可以选择平滑颜色、指定的步骤和指定的距离三种混合方式。

● 平滑颜色：自动计算混合的步骤数。如果对象是使用不同颜色进行的填色或描边，则计算出的步骤数将是为实现平滑颜色过渡而取的最佳步骤数。如果对象包含相同的颜色，或包含渐变或图案，则步骤数将根据两对象定界框边缘之间的最长距离计算得出。

- 指定的步骤：用来控制混合开始与混合结束之间的步骤数。
- 指定的距离：用来控制混合步骤之间的距离。指定的距离是指从一个对象边缘起到下一个对象相对应边缘之间的距离。

3.5 透视图工具

若想绘制带有透视感的图形，可以利用Illustrator软件中的"透视网格工具"得到透视效果的矢量图形。

单击工具箱中的"透视网格工具" ，可以在画板中显示出透视网格，如图3-214所示。同时，窗口左上角会出现一个平面切换构件，如图3-215所示，用于帮助用户切换网格平面。

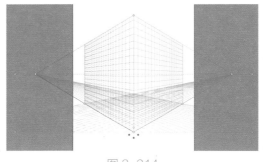

图 3-214

图 3-215

操作提示

按"1"键可以选中左侧网格平面；按"2"键可以选中水平网格平面；按"3"键可以选中右侧网格平面；按"4"键可以选中无活动的网格平面。

在透视网格开启的状态下，绘制的图形将自动沿网格透视进行变形，如图3-216、图3-217所示。

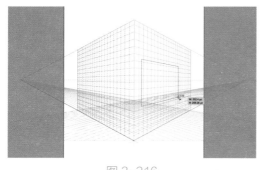

图 3-216

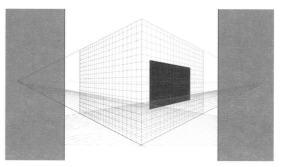

图 3-217

Illustrator 从入门到精通

使用"透视选区工具" ▶可将已有图形拖拽到透视网格中，呈现出透视效果。单击工具箱中的"透视选区工具" ▶，选中需要透视的图形，按住鼠标直接拖拽进入网格中即可。

若想去除透视效果，执行"对象＞透视＞通过透视释放"命令，即可取消透视。

综合实战　绘制茶叶标志

本案例将练习绘制一款标志，主要用到的工具包括"钢笔工具" ✐等，涉及的知识点包括编组等。

Step 01 新建一个 80mm×80mm 的空白文档，如图 3-218 所示。使用"矩形工具" ▢，绘制一个和画板等大的矩形作为背景，在属性栏中设置颜色，效果如图 3-219 所示。选中该矩形，按 Ctrl+2 组合键，锁定矩形。

图 3-218　　　　　　　　　　图 3-219

Step 02 使用"钢笔工具" ✐，在画板中绘制图案 1，如图 3-220 所示。

Step 03 选中上步中绘制的图案 1，双击工具箱中的"渐变工具" ▬，在弹出的"渐变"面板中单击"任意形状渐变" ▣，并选择点模式，为图案 1 填充渐变，在属性栏中设置图案 1 描边无，效果如图 3-221 所示。

Step 04 使用"钢笔工具" ✐，在画板中绘制图案 2 和图案 3，如图 3-222 所示。

图 3-220　　　　　　　　图 3-221　　　　　　　　图 3-222

Step 05 选中上步中绘制的图案 2，双击工具箱中的"渐变工具" ■，在弹出的"渐变"面板中单击"任意形状渐变" ▣，并选择点模式，为图案 2 填充渐变，在属性栏中设置图案 2 描边无，效果如图 3-223 所示。

Step 06 选中图案 2、图案 3，鼠标右击在弹出的下拉菜单中选择"建立混合路径"选项，如图 3-224 所示。完成后效果如图 3-225 所示。

图 3-223　　　　　　　　　图 3-224　　　　　　　　　图 3-225

Step 07 使用"钢笔工具" ✎，在画板中绘制图案 4，如图 3-226 所示。

Step 08 选中图案 4，在"渐变"面板中单击"任意形状渐变" ▣，并选择点模式，为图案 4 填充渐变，在属性栏中设置图案 4 描边无，效果如图 3-227 所示。

Step 09 重复上述操作，绘制图案，如图 3-228 所示。

图 3-226　　　　　　　　　图 3-227　　　　　　　　　图 3-228

Step 10 使用"椭圆工具" ◯，在画板合适位置绘制椭圆作为高光，如图 3-229 所示。

Step 11 选中绘制的高光，在"渐变"面板中单击"任意形状渐变" ▣，并选择点模式，为高光填充渐变，在属性栏中设置高光描边无，效果如图 3-230 所示。选中所有绘制图案，按 Ctrl+G 组合键，将其编组。

Step 12 使用"钢笔工具" ✎，在画板中绘制图案 5，如图 3-231 所示。

Step 13 选中图案 4，在"渐变"面板中单击"任意形状渐变" ▣，并选择点模式，为图案 5 填充渐变，在属性栏中设置图案 5 描边无，效果如图 3-232 所示。

图 3-229

图 3-230

图 3-231

Step 14　选中高光，按住 Ctrl+C 组合键，接着按 Ctrl+F 组合键，在画板中复制高光，如图 3-233 所示。

Step 15　调整复制图形位置及大小，完成后效果如图 3-234 所示。

至此，茶叶标志绘制完成。

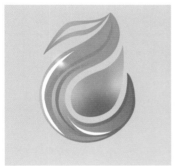

图 3-232

图 3-233

图 3-234

课后作业 ／ 绘制灯泡插图

项目需求

受某企业委托制作一份灯泡插图，要求插图与企业品牌、企业理念搭配，具有画面感和品质感。

项目分析

背景选用冷色调，更容易衬托主体，给人以温暖的感觉；制作阴影暗部，更具有真实感；灯泡各部位中间留有间隙，给人以留白韵味。

效果如图3-235所示。

图 3-235

操作提示

Step01：使用矩形工具绘制背景。

Step02：使用椭圆工具与圆角矩形工具绘制灯泡主体。

Step03：通过路径查找器制作阴影部分。

Step04：绘制装饰物。

第 4 章
文字的应用与编辑

★ **内容导读**

本章主要针对 Illustrator 软件中的文字工具进行讲解。文字在平面设计中是非常重要的元素。海报、折页、宣传图等的设计基本离不开文字工具的修饰。学会应用文字工具，可以帮助用户更好地设计作品。

⚙ **学习目标**

○ 学会创建文字
○ 学会设置文字的方法
○ 学会文字的编辑与处理

鼠标右击工具箱中的"文字工具" **T**，在弹出的工具组中可以选择"文字工具" **T**、"区域文字工具" **T**、"路径文字工具" **✓**、"直排文字工具" **↓T**、"直排区域文字工具" **T**、"直排路径文字工具" **✓** 和"修饰文字工具" **T** 7种工具，如图4-1所示。

图4-1

4.1.1 创建文本

在文字工具组中，主要用于创建文字的工具是"文字工具" **T** 与"直排文字工具" **↓T**、"区域文字工具" **T** 与"直排区域文字工具" **T**、"路径文字工具" **✓** 与"直排路径文字工具" **✓**。

这六种文字工具两两相对，每一对的使用方法均相同，区别只在于文字方向是横向还是纵向。其中，"文字工具" **T** 用于制作点文字和段落文字；"区域文字工具" **T** 用于制作区域文字；"路径文字工具" **✓** 用于制作路径文字。

"修饰文字工具" **T** 可以在保持文字原有属性的状态下对单个字符进行编辑处理，常用于变形艺术字的制作。

4.1.2 创建点文字

"文字工具" **T** 可用于创建点文字。点文字的特点是不会换行，若想换行，按Enter键即可。

单击工具箱中的"文字工具" **T**，在画板中要创建文字的位置单击，将自动出现一行被选中的文字，即占位符，在属性栏中设置字体样式、大小等参数，可以直接观察到效果，如图4-2所示。

调整至合适效果后，可以直接输入文字替换掉占位符，如图4-3所示。

图4-2

图4-3

"直排文字工具" **↓T** 也可用于创建点文字，但是"直排文字工具" **↓T** 创建的文字是自上而下纵向排列的，如图4-4、图4-5所示。

图 4-4

图 4-5

操作提示

文字编辑完成后，按Esc键即可退出文字编辑。

4.1.3 创建段落文字

若想创建段落文字，鼠标单击工具箱中的"文字工具" **T**，在画板中要创建文字的位置单击并拖拽鼠标绘制文本框，如图4-6所示。松开鼠标后，文本框内自动出现占位符，在属性栏中设置参数后，输入文字即可，如图4-7所示。

图 4-6

图 4-7

在文本框内输入文字时，文字会被局限在文本框中，但排列至文本框边缘时即自动换行，这段文字被称为段落文字。

"直排文字工具" **↓T** 也可用于创建段落文字，但是"直排文字工具" **↓T** 创建的文字是自右向左垂直排列的，如图4-8、图4-9所示。

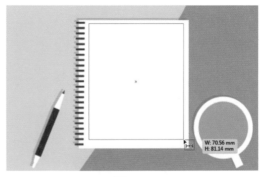

图 4-8

087

图 4-9

4.1.4 创建区域文字

"区域文字工具" 🔳可以在矢量图形构成的区域范围内添加文字，且文字被限定在该区域范围内。

单击工具箱中的"区域文字工具" 🔳，然后将鼠标移至路径上方，光标变为 🔳状，如图4-10所示。此时单击路径，即可将路径转为文字区域，区域内自动出现占位符，在属性栏中调整参数后输入文字，如图4-11所示。

图 4-10

图 4-11

选中区域文字对象，执行"文字 > 区域文字 > 区域文字选项"命令，在弹出的"区域文字选项"对话框中可对区域文字对象进行调整，如图4-12、图4-13所示。

图 4-12

图 4-13

操作提示

区域文字的文本框形状可以编辑调整，调整后文字对象的排列也随之改变。

"直排区域文字工具" 🔳使用方法同上，但是"直排区域文字工具" 🔳创建的区域文字是自右向左垂直排列的，如图4-14、图4-15所示。

图 4-14

图 4-16

图 4-15

图 4-17

知识点拨

"区域文字"和"段落文字"比较相似，都是被限定在某个区域内，但是"段落文字"只有矩形文本框一个限定框，而"区域文字"的外框可以是任何图形。

4.1.5 创建路径文字

单击工具箱中的"路径文字工具" ，将鼠标置于路径上，此时光标为 状，如图4-16所示。此时单击路径，路径上显示占位符，在属性栏中调整参数后输入文字，如图4-17所示。鼠标单击位置即为文字起点。

操作提示

单击工具箱中的"选择工具" ，将鼠标移至路径文字起点位置，待鼠标变为 状时，按住鼠标拖拽可调整路径文字起点位置；将鼠标移至路径文字终点位置，待鼠标变为 状时，按住鼠标拖拽可调整路径文字终点位置。

选择路径文字对象，执行"文字 > 路径文字 > 路径文字选项"命令，在弹出的"路径文字选项"对话框中可对路径文字对象进行调整，如图4-18、 图4-19所示。

图 4-18

图 4-19

"直排路径文字工具" ✓ 使用方法同上，但是"直排路径文字工具" ✓ 创建的区域文字是纵向在路径上排列的，如图4-20、图4-21所示。

图 4-20

图 4-21

4.1.6 插入特殊字符

输入文字时，若想插入特殊字符，

可以执行"窗口 > 文字 > 字形"命令，在弹出的"字形"面板中即可选择不同的特殊字符，如图4-22所示。

图 4-22

选中需要的字符双击即可插入到当前插入符的位置。有的字符右下角带有向右的小箭头，表示这个字符有其他形式可以选择，点开之后单击其中一种即可插入至文档中。

📝 **课堂练习** 使用路径文字制作印章

扫一扫 看视频

本案例将练习绘制印章图形，主要用到的工具有"路径文字工具" ✓、"椭圆工具" ○ 等。

Step 01 新建一个 60mm × 60mm 的空白文档。单击工具箱中的"椭圆工具" ○，在画板空白位置处单击绘制一个圆形1，如图 4-23 所示。在属性栏中设置圆形1的描边与颜色，设置完成后如图 4-24 所示。

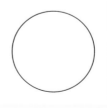

图 4-23

图 4-24

Step 02 选中上步中绘制的圆形1，执行"编辑 > 复制"命令，接着执行"编辑>粘贴"命令，在画板中复制出圆形2，如图4-25所示。

Step 03 使用"路径文字工具"，将鼠标置于圆形2路径上，此时光标为 状，单击圆形2路径，路径上显示占位符，如图4-26所示。

Step 04 在属性栏中调整参数后输入文字，如图4-27所示。

图4-25 图4-26 图4-27

Step 05 重复上述操作，绘制路径文字，如图4-28所示。

Step 06 使用"文字工具" T，在圆形1内部绘制点文字，如图4-29所示。

Step 07 使用"星形工具"，在画板中合适位置处单击绘制星形，并填充颜色，如图4-30所示。

图4-28 图4-29 图4-30

至此，完成印章的绘制。

4.2 设置文字

文字的基本属性包括字体、字号、颜色、排列方式等，这些属性既可以在输入文字前在属性栏中设置，也可以使用"字符"面板和"段落"面板进行调整。本节主要针对如何设置文字的基础属性来进行讲解。

4.2.1 编辑文字的属性

（1）设置字体

单击工具箱中的"文字工具" **T**，在属性栏中设置颜色。单击字符选项后侧的 ⌄ 形，在下拉菜单中选择字体，在设置文字大小的选项中输入数值，如图4-31所示。

接着在画板中单击并输入文字，此时文字属性与属性栏中的参数一致，如图4-32所示。输入文字时，按Enter键可以换行，按Esc键可以退出文字编辑状态。若需要移动变换文字，首先需要退出文字编辑状态。

图 4-31

图 4-32

（2）设置字号

退出文字编辑后，若仍需要对单个文字字号等进行修改，可以单击工具箱中的"文字工具" **T**，在需要修改的文字前后

单击插入光标，然后鼠标向文字方向拖拽选中需要修改的文字，如图4-33所示。选中文字后，在属性栏中即可修改文字字号，如图4-34所示。

图 4-33

图 4-34

若想修改所有文字的字号，单击工具箱中的"选择工具" ▶，选中文字即可在属性栏中修改字号。

（3）设置颜色

若需要更改文字颜色，可以选中文字后在属性栏进行更改，也可以利用拾色器工具在"颜色"面板、"色板"面板中为文字更改颜色，如图4-35、图4-36所示。

图 4-35

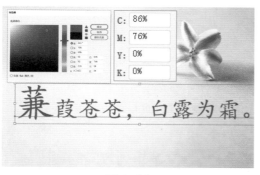

图 4-36

4.2.2　"字符"面板的应用

选中文字对象，执行"窗口 > 文字 > 字符"命令，或按Ctrl+T组合键，在弹出的"字符"面板中即可进行更加丰富的参数设置，如图4-37所示。

图 4-37

其中，各选项的作用如下。

●设置字体系列：在下拉列表中可以选择文字的字体。

●设置字体样式：设置所选字体的字体样式。

●设置字体大小 **↑T**：在下拉列表中可以选择字体大小，也可以输入自定义数字。

●设置行距 **↓A**：用于设置字符行之间的间距大小。

●垂直缩放 **↓T**：用于设置文字的垂直缩放百分比。

●水平缩放 **T↓**：用于设置文字的水平缩放百分比。

●设置两个字符间距微调 **↓A**：用于微调两个字符间的间距。

●设置所选字符的字距调整 **VA**：用于设置所选字符的间距。

●全角字框 **圆**：将文字对齐到全角字框。

●全角字框，居中 **圆**：将文字对齐到全角字框中心位置。

●字形边界 **Aa**：将文字对齐字形边界的顶部、底部、左侧和右侧。

●基线 **Ax**：将文字按字形基线对齐。

●角度参考线 **A**：选择具有角度线段或文本框架的字形时，会显示的角度参考线。

●锚点 **A**：绘制并对齐字形的锚点。

4.2.3　"段落"面板的应用

选中文字对象，执行"窗口 > 文字 > 段落"命令，在弹出的"段落"面板中可以修改段落文字或多行的点文字段的对齐方式、缩进方式等参数，如图4-38所示。

其中，部分选项的作用如下。

●左对齐 **≡**：文字将与文本框的左侧对齐。

●居中对齐 **≡**：文字将按照中心线和文本框对齐。

图 4-38

●右对齐 ≡：文字将与文本框的右侧对齐。

●两端对齐，末行左对齐 ≡：将在每一行中尽量多地排入文字，行两端与文本框两端对齐，最后一行和文本框的左侧对齐。

●两端对齐，末行居中对齐 ≡：将在每一行中尽量多地排入文字，行两端与文本框两端对齐，最后一行和文本框的中心线对齐。

●两端对齐，末行右对齐 ≡：将在每一行中尽量多地排入文字，行两端与文本框两端对齐，最后一行和文本框的右侧对齐。

●全部两端对齐 ≡：文本框架中的所有文字将按照文本框架两侧进行对齐，中间通过添加字间距来填充，文本的两侧保持整齐。

●左缩进 ⁙：在文本框中输入相应数值，文本的左侧边缘向右侧缩进。

●右缩进 ⁙：在文本框中输入相应数值，文本的右侧边缘向左侧缩进。

●首行左缩进 ⁘：在文本框中输入相应数值，段落的第一行从左向右缩进一定距离。

●段前间距 ⁚：在文本框中输入相应数值，设置段前间距。

●段后间距 ⁚：在文本框中输入相应数值，设置段后间距。

●避头尾集：设定不允许出现在行首或行尾的字符。该功能只对段落文字或区域文字有效。

●标点挤压集：用于设定亚洲字符、罗马字符、标点符号、特殊字符、行首、行尾和数字之间的间距。

4.2.4　文本排列方向的更改

执行"文字 > 文字方向"命令，可以更改文本排列的方向。

选中画板中的文字对象，如图4-39所示。执行"文字 > 文字方向 > 垂直"命令，即可将文字排列方向由水平更改为垂直，如图4-40所示。

图4-39

图4-40

课堂练习　制作一张书籍内页

本案例将练习制作一张书籍内页，主要用到的工具有"文字工具" T.等，涉及的知识点包括"字符"面板以及"段落"面板等。

扫一扫 看视频

Step 01 新建一个 210mm×285mm 大小的空白文档。单击工具箱中的"矩形工具" ▫，在画板中绘制一个与画板等大的矩形 1，在属性栏中设置参数，完成后效果如图 4-41 所示。

Step 02 继续在画板中绘制矩形 2，图 4-42 所示。

Step 03 使用"直排文字工具" ↓T，在画板中合适的位置单击，在属性栏中设置字体和大小，完成后效果如图 4-43 所示。

Step 04 执行"文件>置入"命令，选择素材"书籍插图.jpg"将其嵌入到画板中合适位置，并调整大小，如图 4-44 所示。

图 4-41   图 4-42   图 4-43   图 4-44

Step 05 使用"文字工具" T，在画板中合适位置单击并拖拽鼠标绘制文本框，如图 4-45 所示。松开鼠标后，文本框内自动出现占位符，如图 4-46 所示。

Step 06 在文本框内输入文字，如图 4-47 所示。

Step 07 选中文字对象，执行"窗口>文字>字符"命令，在弹出的"字符"面板中设置字体为楷体，字号 14pt，效果如图 4-48 所示。

Step 08 双击文本对象，按 Enter 键调整一下换行，图 4-49 所示。

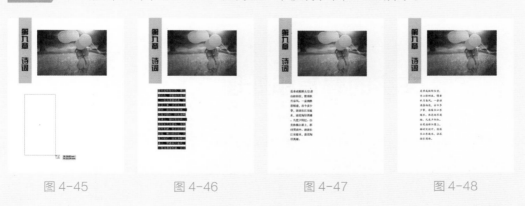

图 4-45   图 4-46   图 4-47   图 4-48

Step 09 选中文字对象，执行"窗口>文字>段落"命令，在弹出的"段落"面板中设置文字"居中对齐" ≡，如图 4-50 所示。

Step 10 重复上述操作，输入另一段文本对象，如图 4-51 所示。

Step 11 使用"矩形工具"■，在画板中合适位置绘制矩形，在属性栏中设置颜色，完成后如图 4-52 所示。

图 4-49　　　　图 4-50　　　　图 4- 51　　　　图 4-52

Step 12 使用"文字工具"T，在矩形前端合适位置输入文字，如图 4-53、图 4-54 所示。

Step 13 重复上述步骤，继续创建页码文字，如图 4-55 所示。

图 4-53　　　　图 4-54　　　　图 4-55

至此，完成书籍内页的绘制。

4.3 文字的编辑和处理

在Illustrator软件中，除了可以对文字的字体、字号、对齐、缩进等属性进行调整，还可以修改文档中的文本信息，如文本框的串接、文字绕图排列等。

4.3.1 文本框的串接

文本串接是指将多个文本框连接起来，形成一系列的文本框。被串接的文本处于相通状态，若其中一个文本框的尺寸缩小，多余的文字将显示在缩小文本框的后一个文本框中。杂志或者书籍中文字分栏的效果大多是通过文本串接制作而成的。

（1）建立文本串接

当文本框内的文字超出文本框时，文本框右下角会出现溢出标记⊞，此时可以通过文本串接，将未显示完全的文本在其他区域显示。

单击工具箱中"选择工具" ▶，将鼠标光标移至溢出标记⊞处，光标变为▶状时单击溢出标记⊞，然后移动至画板中的空白处，此时光标变为▥状，如图4-56所示。在空白处单击，即出现一个新的文本框且与原文本框串接，如图4-57所示。

图 4-56

图 4-57

若是两个独立的文本框想要串接，可以选中两个文本框，如图4-58所示。执行"文字 > 串接文本 > 创建"命令，即可

串接两个独立文本框，如图4-59所示。

图 4-58

图 4-59

（2）释放文本串接

释放文本串接就是解除串接关系，使文字集中到一个文本框内。

在文本串接的状态下，选中一个需要释放的文本框，如图4-60所示。执行"文字 > 串接文本 > 释放所选文字"命令，选中的文本框将释放文本串接变为空的文本框，按Delete键删除即可，如图4-61所示。

图 4-60

图 4-61

在选中文本框的情况下，也可以将光标移动至文本框的□处，光标变为▶状时单击，此时光标变为🗘状，如图4-62所示。单击鼠标即可释放串接，默认后一个文本框被释放变为空的文本框，按Delete键删除即可，如图4-63所示。或者直接选中要释放的文本框，按Delete键删除即可。

图 4-62

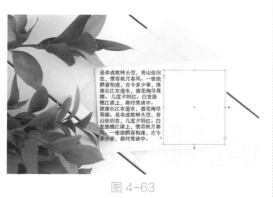

图 4-63

（3）移去文本串接

移去文本串接是解除文本框之间的串接关系，使之成为独立的文本框，且文本将保留在原位置。

选择串接的文本，如图4-64所示。执行"文字 > 串接文本 > 移去串接文字"命令，文本框即可解除串接关系，如图4-65所示。

图 4-64

图 4-65

选中多个文本框可以利用"对齐"面板调整各个文本框的对齐与分布。在串接的状态下，调整任何一个文本框的大小，其他文本框也会随之发生相应的改变。

4.3.2　查找和替换文字字体

执行"文字 > 查找/替换"命令，在

弹出的"查找/替换字体"对话框中可以快速地选中文本中相同字体的文字对象，也可以批量更改选中文字的字体。

（1）查找/替换字体

选中段落文字，执行"文字 > 查找/替换字体"命令，在弹出的"查找/替换字体"对话框中，选中"文档中的字体"列表中的任一字体，然后单击"查找"，如图4-66所示。文档中用到该字体的文字会被选中，如图4-67所示。

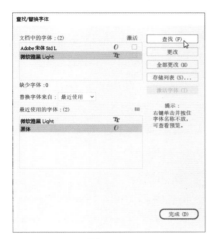

图 4-66

图 4-67

（2）替换文字字体

在"文档中的字体"列表中选择要替换的字体，将"替换字体来自"选项设为"系统"，然后在"系统中的字体"列表中选择一种字体，单击"更改"，即可将

选中的文字字体替换为选择的字体，如图4-68、图4-69所示。

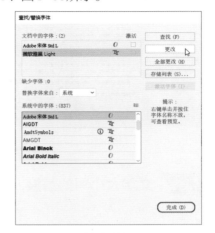

图 4-68

图 4-69

单击"全部更改"，即可将文档中所有该字体的文字替换为另一种字体，如图4-70、图4-71所示。

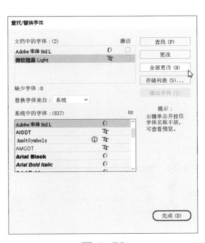

图 4-70

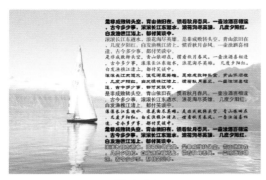

图 4-71

4.3.3 文字大小写的替换

文字大小写主要针对的是包含有英文字母的文档，通过一些命令快速地调整字母的大小写。

选中要更改的字符或文字对象，执行“文字 > 更改大小写”命令，在弹出的子菜单中执行“大写”“小写”“词首大写”或“句首大写”命令，即可快速更改所选文字对象，如图4-72、图4-73所示。

文字(T)
选择(S)
效果(C)
视图(V)
窗口(W)
帮助(H)
Adobe Fonts 提供更多字体与功能(D)...
字体(F)
最近使用的字体(R)
大小(Z)
字形(G)
转换为点状文字(V)
区域文字选项(A)...
路径文字(P)
复合字体(I)...
避头尾法则设置(K)...
标点挤压设置(J)...
串接文本(T)
适合标题(H)
解决缺失字体...
查找字体(N)...
更改大小写(C)
大写(U)
小写(L)
词首大写(T)
句首大写(S)

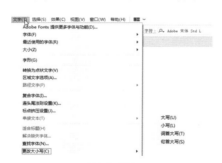

图 4-72

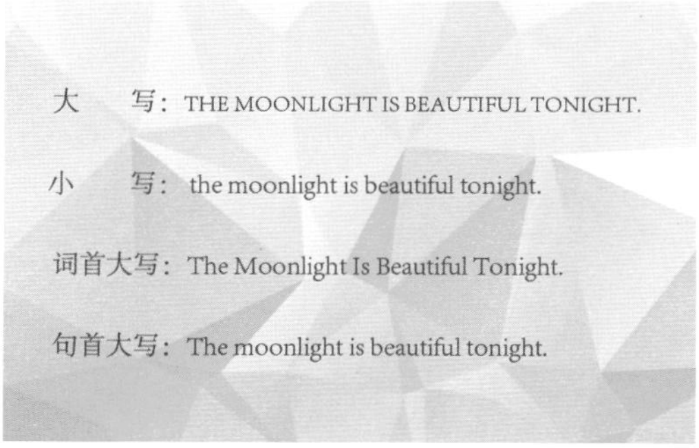

大　　写：THE MOONLIGHT IS BEAUTIFUL TONIGHT.
小　　写：the moonlight is beautiful tonight.
词首大写：The Moonlight Is Beautiful Tonight.
句首大写：The moonlight is beautiful tonight.

图 4-73

4.3.4 文字绕图排列

文字绕排是一种非常常见的表现形式，通过绕排可以将区域文本绕排在任何对象的周围，使文本和图形互不遮挡。

课堂练习 文字绕排的应用技巧

下面通过案例的应用对文字绕排进行讲解，主要用到的工具包括“文字工具” T 等，涉及的知识点有文字绕排等。

Step 01 打开 Illustrator 软件，新建一个 140mm×210mm 的空白文档。执行“文件 > 置入”命令，置入本章素材文件“背景 .jpg”。使用“文字工具” T 在画板中输入一段段落文字，如图 4-74 所示。

Step 02 执行“文件 > 置入”命令，置入本章素材文件“鹦鹉 .jpg”。选中素材对象，将位图移动至文本上方，如图 4-75 所示。

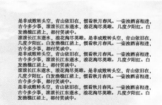

图 4-74

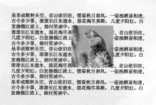

图 4-75

Step 03 选中段落文字及位图，执行"对象 > 文本绕排 > 建立"命令，效果如图 4-76 所示。

Step 04 移动图片位置，文本排列方式也随之变化，如图 4-77 所示。

图 4-76

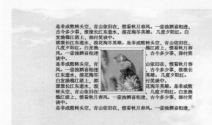

图 4-77

Step 05 选中文字绕排的对象，执行"对象 > 文本绕排 > 文本绕排选项"命令，弹出"文本绕排选项"对话框，在"文本绕排选项"对话框中设置位移参数，该选项用来设置文字与绕排对象之间的间距大小，如图 4-78 所示。

Step 06 设置完成后单击"确定"，效果如图 4-79 所示。

图 4-78

图 4-79

知识点拨

"反向绕排"是指绕排对象反向绕排文本。

Step 07 若勾选"反向绕排"复选框，则效果如图 4-80 所示。

Step 08 若要取消文字绕排效果可选中绕排的对象，执行"对象 > 文本绕排 > 释放"命令，如图 4-81 所示。

图 4-80

图 4-81

4.3.5 拼写检查

“拼写检查”命令可以对指定的文本进行检查，帮助用户修正拼写和基本的语法错误。

选中文本对象，如图4-82所示。执行“编辑＞拼写检查”命令，在弹出的“拼写检查”对话框中单击“开始”即可开始检查，如图4-83所示。

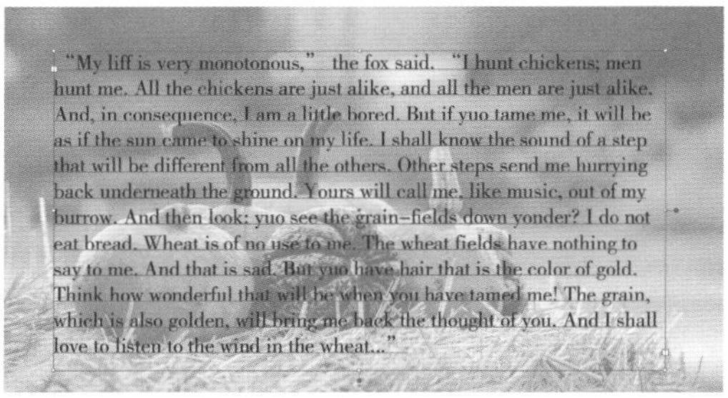
"My liff is very monotonous," the fox said. "I hunt chickens; men hunt me. All the chickens are just alike, and all the men are just alike. And, in consequence, I am a little bored. But if yuo tame me, it will be as if the sun came to shine on my life. I shall know the sound of a step that will be different from all the others. Other steps send me hurrying back underneath the ground. Yours will call me, like music, out of my burrow. And then look: yuo see the grain-fields down yonder? I do not eat bread. Wheat is of no use to me. The wheat fields have nothing to say to me. And that is sad. But yuo have hair that is the color of gold. Think how wonderful that will be when you have tamed me! The grain, which is also golden, will bring me back the thought of you. And I shall love to listen to the wind in the wheat..."

图 4-82

拼写检查
准备开始
开始
建议单词
选项
完成

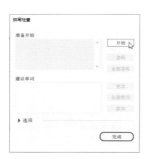

图 4-83

接着在上方的“准备开始”文本框中会显示错误的单词，并提示这是个未找到单词。在下方的“建议单词”文本框内会显示建议单词，这些单词是和错误单词非常相近的单词，如图4-84所示。

若在“建议单词”文本框中有需要的单词可以单击进行选择，然后单击“更改”，即可在文档中修正该单词；若没有其他需要更改的单词，可以单击“完成”，完成更改操作，效果如图4-85所示。

拼写检查
未找到单词："xuan"（英语：美国）
is good, my name is called He xuan, my English name is called Angle.Everybody
开始
忽略
全部忽略
建议单词
yuan
Yuan
更改
全部更改
添加
选项
完成

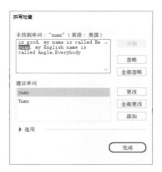

图 4-84

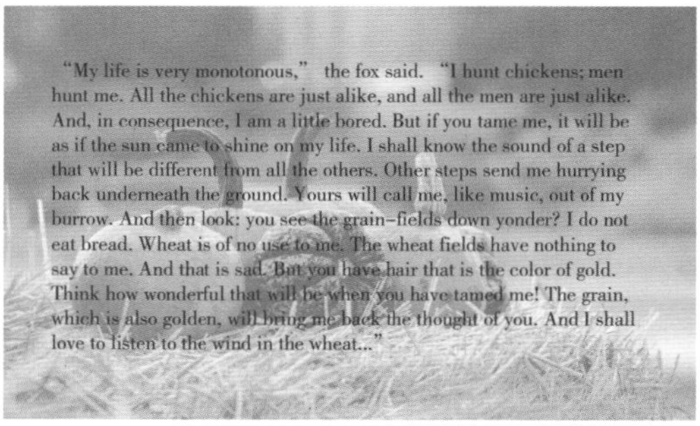
"My life is very monotonous," the fox said. "I hunt chickens; men hunt me. All the chickens are just alike, and all the men are just alike. And, in consequence, I am a little bored. But if you tame me, it will be as if the sun came to shine on my life. I shall know the sound of a step that will be different from all the others. Other steps send me hurrying back underneath the ground. Yours will call me, like music, out of my burrow. And then look: you see the grain-fields down yonder? I do not eat bread. Wheat is of no use to me. The wheat fields have nothing to say to me. And that is sad. But you have hair that is the color of gold. Think how wonderful that will be when you have tamed me! The grain, which is also golden, will bring me back the thought of you. And I shall love to listen to the wind in the wheat..."

图 4-85

“拼写检查”对话框中其他选项作用如下。

● 忽略/全部忽略：忽略或全部忽略将继续拼写检查，不更改特定的单词。

● 更改：从“建议单词”文本框中选择一个单词，或在顶部的文本框中键入正确的单词，然后单击“更改”只更改选中的出现拼写错误的单词。

● 全部更改：更改文档中所有与选中单词出现相同拼写错误的单词。

● 添加：添加一些被认为错误的单词到词典中，以便在以后的操作中不再将其判断为拼写错误。

4.3.6 智能标点

“智能标点”命令用于搜索文档中的键盘字符，并将其替换为相同的印刷体标点字符。

选中一段文本，执行"文字 > 智能标点"命令，在弹出的"智能标点"对话框中设置参数，如图4-86所示。

图 4-86

其中，各选项作用如下。

●ff、fi、ffi连字：将ff、fi或ffi字母组合转换为连字。

●ff、fl、ffl连字：将ff、fl或ffl字母组合转换为连字。

●智能引号：将键盘上的直引号改为弯引号。

●智能空格：消除句号后的多个空格。

●全角、半角破折号：用半角破折号替换两个键盘破折号，用全角破折号替换三个键盘破折号。

●省略号：用省略点替换三个键盘句点。

●专业分数符号：用同一种分数字符替换分别用来表示分数的各种字符。

●替换范围：选择"仅所选文本"单选，则仅替换所选文本中的符号；选择"整个文档"单选，可替换整个文档中的符号。

●报告结果：选择"报告结果"可看到所替换符号数的列表。

综合实战　制作艺术化的文字效果

本案例将练习制作艺术化的文字效果，主要用到的工具包括"钢笔工具" ✎、"文字工具" T、"圆角矩形工具" ▢ 等。

Step 01 新建一个 210mm×285mm 空白文档。执行"文件 > 置入"命令，在弹出的"置入"对话框中选择素材"背景48.png"，单击"确定"，鼠标在画板中合适位置单击，置入图片，调整大小和位置，如图 4-87 所示。选中背景，执行"编辑 > 复制"命令，接着执行"编辑 > 贴在前面"命令，复制对象。

Step 02 选中上层的背景，执行"窗口 > 透明度"命令，在弹出的"透明度"对话框中设置混合模式为滤色，完成后效果如图 4-88 所示。

图 4-87

图 4-88

Step 03 使用"钢笔工具" 在画板中合适位置绘制边框，如图 4-89 所示。

Step 04 使用"文字工具" **T** 在画板中合适位置单击，绘制点文字，如图 4-90 所示。

图 4-89

图 4-90

Step 05 选中点文字，执行"窗口 > 文字 > 字符"命令，在弹出的"字符"面板中设置字体参数，完成后如图 4-91 所示。

Step 06 单击工具箱中的"修饰文字工具" **H**，对上述步骤中输入的文字进行修饰，完成后效果如图 4-92 所示。

图 4-91

图 4-92

Step 07 执行"文件 > 置入"命令，在弹出的"置入"对话框中选择素材"背景55.png"，单击"确定"，鼠标在画板中合适位置单击，置入图片，调整大小和位置，如图 4-93 所示。

Step 08 重复上述操作，置入其他图片，如图 4-94 所示。

图 4-93

图 4-94

Step 09 使用"圆角矩形工具" 在画板中绘制圆角矩形，如图 4-95 所示。

Step 10 选中该圆角矩形，使用"旋转工具" 在画板中拖拽鼠标旋转该圆角矩形，并调整至合适位置，如图 4-96 所示。

Step 11 使用"区域文字工具" **T**，然后将鼠标移至圆角矩形路径上方，单击路径，并输入文字，如图 4-97 所示。

图 4-95

图 4-96

图 4-97

所示。

图 4-98

图 4-99

Step 14 单击工具箱中的"文字工具" T，在画板中合适的位置单击并拖拽鼠标绘制文本框，并输入文字，如图 4-100 所示。

图 4-100

Step 12 选中区域文字对象，执行"窗口>文字>段落"命令，在弹出的"段落"面板中设置参数，完成后如图 4-98 所示。

Step 13 选中区域文字对象，执行"窗口>文字>字符"命令，在弹出的"字符"面板中设置行间距，完成后如图 4-99

Step 15 选中段落文字对象，调整参数及段落参数，完成后如图 4-101 所示。

Step 16 调整段落文字排列顺序，选中该段落文字与区域文字，执行"对象 > 文本绕排 > 建立"命令，在弹出的对话框中单击"确定"，效果如图 4-102 所示。

图 4-101

图 4-102

Step 17 重复上述步骤，创建文字绕排，

如图 4-103 所示。

Step 18 使用矩形工具、直线段工具绘制一些小装饰装饰页面，如图 4-104 所示。

图 4-103

图 4-104

至此，完成艺术化文字效果的制作。

课后作业 / 制作旅游主题画册内页

项目需求

受某杂志社委托帮其设计画册，其中有需要与文字结合的内页，要求轻松、欢快、阳光，给人放松的感觉。

项目分析

　　整体色调选择蓝色，给人自由轻松的感觉；插入风景图片，使整体画风更为惬意自然；在画板空白处输入不同字体风格的文字，点明主题与内容；边缘处插入装饰物点缀。

项目效果

　　效果如图4-105所示。

图 4-105

操作提示

　　Step01：置入图片并处理。

　　Step02：使用文字工具在不同位置输入不同字体风格的文字。

　　Step03：绘制装饰物。

第 5 章
高级绘图工具

★ 内容导读

本章主要针对 Illustrator 软件中的一些高级绘图工具进行讲解，包括
钢笔工具的使用；画笔工具及画笔库的使用；铅笔工具的使用；利
用 Shaper 工具进行简单的图形分割与组合；橡皮擦工具、符号工具、
图表工具的使用。

⟳ 学习目标

○ 绘制较为复杂的矢量图形
○ 简单的分割与组合图形等

5.1　钢笔工具组

钢笔工具 在Illustrator中应用非常广泛。作为Illustrator的核心工具之一，钢笔工具可以绘制任意形状的路径，完成绝大多数矢量图形的绘制。

鼠标右击工具箱中的"钢笔工具" 按钮，在弹出的工具组可以选择"钢笔工具" 、"添加锚点工具" 、"删除锚点工具" 和"锚点工具" 4种工具，如图5-1所示。

图 5-1

5.1.1　钢笔工具

（1）钢笔工具

单击工具箱中的"钢笔工具" 按钮，在画板中单击，即可绘制第一个锚点，在任意处单击绘制第二个锚点，此时，控制栏中会显示钢笔工具的控制栏，如图5-2所示。

图 5-2

其中，各按钮的含义如下。

●将所选锚点转换为尖角 ：选中平滑锚点，单击该按钮，可将平滑锚点变成尖角锚点，如图5-3、图5-4所示。

图 5-3

图 5-4

●将所选锚点转换为平滑 ：选中尖角锚点，单击该按钮，可将尖角锚点变成平滑锚点，如图5-5、图5-6所示。

●显示多个选定锚点的手柄 ：单击该按钮，可以显示选中的多个锚点的手柄，如图5-7所示。

图 5-5

109

图 5-6

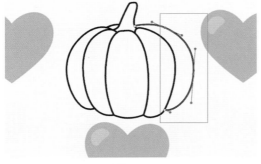

图 5-7

●隐藏多个选定锚点的手柄　：单击该按钮，可以隐藏选中的多个锚点的手柄，如图5-8所示。

图 5-8

●删除所选锚点　：单击该按钮，可以删除选中的锚点。

●连接锚点终点　：在开放路径中选择两个端点，可以在两点间建立路径。

●在所选锚点处剪切路径　：选中锚点后单击该按钮即可将选中的锚点分割为

两个锚点。

（2）添加锚点工具

添加锚点工具　用于对路径的进一步精细化刻画，通过在原有路径上新增锚点来丰富路径。

单击工具箱中的"添加锚点工具"按钮，将光标移动至路径上方，在需要添加锚点的位置单击即可添加锚点，如图5-9、图5-10所示。

图 5-9

图 5-10

按"+"键，可以快速切换到"添加锚点工具"。

（3）删除锚点工具

在选中删除锚点工具　的情况下，单击要删除的锚点即可。锚点被删除后，路径也会随之变化。

属性栏中的删除锚点工具的效果和删除锚点工具是相同的，如图5-11、图5-12所示。

图 5-11

图 5-12

（4）锚点工具

锚点工具∧用于平滑角点和尖角点的相互转换。

单击工具箱中的"锚点工具"∧，在画板上单击平滑角点即可将平滑角点转换为尖角点；在尖角点上按住鼠标拖动，则会将尖角点转换为平滑角点，如图5-13、图5-14所示。

图 5-13

图 5-14

在使用钢笔工具的状态下，将光标移动至路径上方光标变为🖋状，单击添加锚点；将光标移动至锚点处光标变为🖋状，单击减去锚点；按住Alt键将会切换到转换锚点工具。

5.1.2 路径与锚点

路径是由锚点及锚点之间的连接线构成的，可以分为开放路径、闭合路径和复合路径3种。

● 开放路径：两端具有端点的路径。

● 闭合路径：首尾相接没有端点的路径。

● 复合路径：由两条及两条以上路径组成的路径。

锚点可以分为平滑锚点和尖角锚点。平滑锚点上带有方向线，可以调整锚点弧度以及锚点两端的线段弯曲度；尖角锚点没有方向线。

5.1.3 编辑与调整锚点

锚点及锚点之间的连接线构成路径。

接下来通过路径的绘制来讲解编辑与调整锚点的技巧。

（1）绘制直线

单击工具箱中的"钢笔工具"按钮✍或按P键，在画板中单击，建立第一个锚点，如图5-15所示。移动鼠标位置，再次单击建立第二个锚点，此时两个锚点连接为一个直线段路径，如图5-16所示。

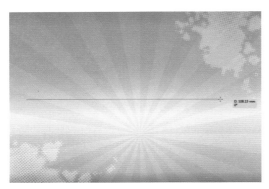

图 5-15

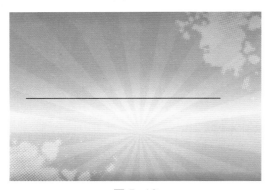

图 5-16

知识点拨

按住Shift键可以绘制水平、垂直或以45°角为增量的直线。

（2）绘制曲线及锚点转换

单击工具箱中的"钢笔工具"按钮✍或按P键，鼠标在画板上单击并拖拽，即可绘制出平滑锚点，在画板另一处单击并

拖拽，即可看到绘制出的曲线，曲线形状受锚点影响。

课堂练习　绘制香蕉造型

本案例将练习绘制香蕉造型，主要用到的工具是钢笔工具。

扫一扫 看视频

Step 01 打开 Illustrator 软件，新建一个空白文档，如图 5-17 所示。

Step 02 单击工具箱中的"矩形工具"▫，在画板中绘制一个与画板等大的矩形，在控制栏中设置填充等参数，效果如图 5-18 所示。

图 5-17

图 5-18

Step 03 单击工具箱中的"钢笔工具"按钮✍，在画板中单击并拖拽，创建平滑锚点，如图 5-19 所示。移动鼠标至画板中另一处，按住鼠标拖拽，

Illustrator 从入门到精通

112

绘制平滑曲线，如图 5-20 所示。

图 5-19

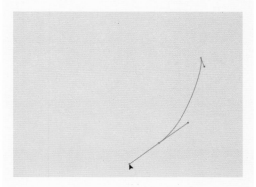

图 5-20

Step 04 使用相同的方法继续绘制平
滑曲线，如图 5-21 所示。

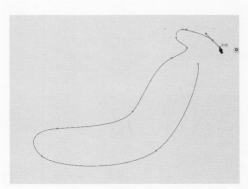

图 5-21

Step 05 按住 Ctrl 键在画板空白处单
击，结束开放路径的绘制，选中工具
箱中的"锚点工具"，单击锚点将平

滑锚点转换为尖角锚点，如图 5-22
所示。

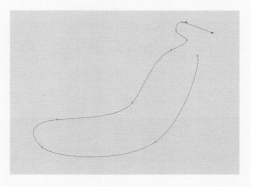

图 5-22

Step 06 单击工具箱中的"钢笔工具"
按钮 ✐，单击转换过的锚点，继续绘
制曲线，如图 5-23 所示。最终效果
如图 5-24 所示。

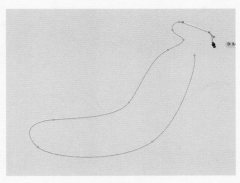

图 5-23

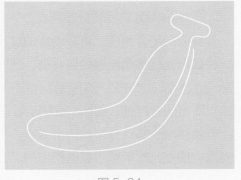

图 5-24

至此，完成香蕉造型的绘制。

　　若要结束一段开放式路径的绘制，可按住Ctrl键或Alt键在画板空白处单击，也可单击工具箱中的其他工具，或者按Enter键或Esc键，如图5-25、图5-26所示。

图 5-27

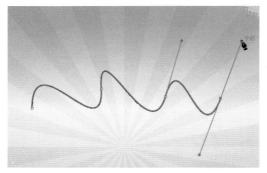

图 5-25

图 5-28

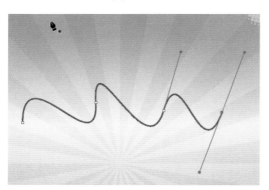

图 5-26

图 5-29

（3）绘制闭合路径及分割锚点

　　若要绘制闭合路径，可在绘制的过程中，将鼠标光标移动至起始锚点处，此时光标变为 状，如图5-27所示。单击起始锚点即可闭合路径，如图5-28所示。

　　若要将一个锚点分割成两个锚点，可以先选中锚点，然后单击控制栏中的"在所选锚点处剪切路径" ，即可将所选锚点分割为两个锚点，且两个锚点不相连，如图5-29、图5-30所示。

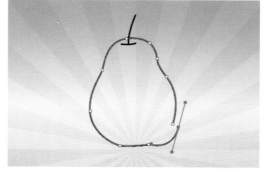

图 5-30

课堂练习 可爱卡通形象

本案例将练习绘制一盆仙人掌，主要用到的工具包括"钢笔工具" ✐ 、"直线段工具" ✐ 、"椭圆工具" ⬭ 等。

Step 01 新建一个竖向 A4 大小的空白文档。单击工具箱中的"钢笔工具" ✐ 按钮，在画板中任意处单击，建立第 1 个锚点，如图 5-31 所示。按住 Shift 键横向移动鼠标，在合适位置单击建立第 2 个锚点，如图 5-32 所示。

Step 02 继续移动鼠标位置，在合适位置处单击并拖拽鼠标，绘制平滑锚点，如图 5-33 所示。移动鼠标至起始锚点处，闭合路径，如图 5-34 所示，花盆路径绘制完成。

图 5-31 　　　　　 图 5-32 　　　　　 图 5-33 　　　　　 图 5-34

Step 03 单击工具箱中的"钢笔工具"按钮 ✐ ，在花盆路径上方绘制仙人掌轮廓，如图 5-35、图 5-36 所示。调整图层顺序。

Step 04 对上述操作所绘制的图形进行填色，如图 5-37、图 5-38 所示。

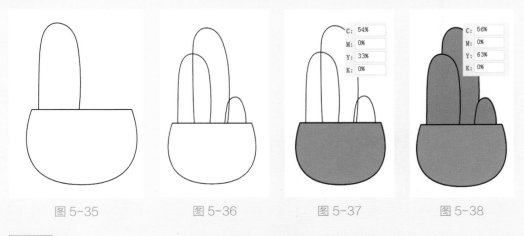

图 5-35 　　　　　 图 5-36 　　　　　 图 5-37 　　　　　 图 5-38

Step 05 绘制亮部。单击工具箱中的"钢笔工具"按钮 ✐ ，在填色路径上继续绘制路径，如图 5-39 所示。调整图层顺序并填色，如图 5-40 所示。

Step 06 绘制仙人掌刺。单击工具箱中的"直线段工具" ✐ 按钮，在仙人掌上方绘制直线段，选中该直线段，执行"对象 > 变换 > 旋转"命令，在弹出的"旋转"对话框中设置参数，单击"复制"按钮，如图 5-41 所示。

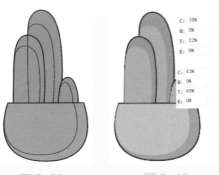

C: 38%	
M: 0%	
Y: 22%	
K: 0%	
C: 43%	
M: 0%	
Y: 46%	
K: 0%	

图 5-39 　　　　　　　　　图 5-40 　　　　　　　　　图 5-41

Step 07 重复复制一次，得到的图形如图 5-42 所示。为便于管理，可选中三根线段，执行"对象 > 编组"命令，将其编组。

Step 08 复制上步中绘制的仙人掌刺，并放置于合适的位置，重复多次操作，如图 5-43、图 5-44 所示。

Step 09 单击工具箱中的"椭圆工具" ● 按钮，在画板合适位置单击鼠标并拖拽绘制椭圆，如图 5-45 所示。

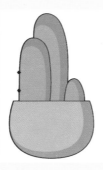

图 5-42 　　　　　　图 5-43 　　　　　　图 5-44 　　　　　　图 5-45

Step 10 选中该椭圆，双击工具箱中的"渐变工具" ▮，在弹出的"渐变"面板中，设置渐变类型与参数，如图 5-46 所示。

Step 11 完成绘制并保存，如图 5-47、图 5-48 所示。

图 5-46 　　　　　　图 5-47 　　　　　　图 5-48

至此，完成可爱仙人掌的绘制。

5.2 画笔工具

画笔工具 ✐ 也是Illustrator软件中常用到的一款矢量绘图工具，可以用来绘制更为随意的路径。

5.2.1 画笔工具

选择工具箱中的"画笔工具" ✐ 按钮，单击控制栏中的"描边"按钮，在弹出的"描边面板"中可对描边的粗细、端点、边角等参数进行设置，如图5-49所示。

在"变量宽度配置文件"中，可以对画笔的宽度配置进行设置，在"画笔定义"中可以对画笔工具的笔触样式进行设置，如图5-50所示。

图 5-49

图 5-50

设置完成后在画板中按住鼠标拖拽绘制，如图5-51所示。松开鼠标即完成绘制，如图5-52所示。

绘制完成后选择绘制的路径，可以在控制栏中重新更改画笔的属性。

选择绘制的路径，打开"画笔定义"下拉面板选择一个新的笔触，如图5-53所示。选择后可以发现路径发生了变化，如图5-54所示。

图 5-51　　　　　图 5-52　　　　　图 5-53　　　　　图 5-54

5.2.2 画笔面板

"画笔工具" ✐ 常搭配"画笔"面板一起使用。执行"窗口 > 画笔"命令，在弹出的"画笔"面板中，可以更改画笔笔尖的形状、打开画笔库、移去画笔描边、新建画笔、删除画笔等，如图5-55所示。其他矢量图形也可以通过"画笔"面板更改笔尖形状。

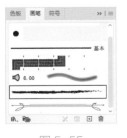

图 5-55

117

其中，各按钮的含义如下。

●画笔库菜单 🔽：单击打开可选择多种类型的画笔。

●库面板 📚：切换至"库"面板。

●移去画笔描边 ✕：选择路径对象，单击该按钮，即可去除画笔描边，如图5-56、图5-57所示。

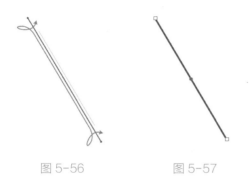

图 5-56　　　　　图 5-57

●所选对象的选项 📋：可以重新定义画笔，如图5-58所示。

图 5-58

●新建画笔 🗏：创建新的笔尖。

●删除画笔 🗑：删除画笔。若选中了应用画笔的路径，则会弹出一个提示对话框，如图5-59所示。单击"扩展描边"按钮，可以继续应用该画笔；若单击"删除描边"按钮，则移去路径中的画笔描边。

图 5-59

5.2.3　画笔库

Illustrator的面板库中包含有大量的画笔笔尖，接下来将针对如何使用画笔库绘制路径进行讲解。

📄 **课堂练习** 制作趣味边框

本案例将针对画笔库的应用进行讲解。涉及的知识点包括如何打开画笔库、如何使用画笔描边等。

扫一扫 看视频

Step 01 执行"窗口 > 画笔"命令，打开"画笔"面板。在弹出的"画笔"面板中，单击"画笔库菜单" 🔽 按钮，执行"边框 > 边框 – 新奇"命令，如图5-60所示。

Step 02 完成上步骤后弹出"边框 – 新奇"面板，如图 5-61 所示。

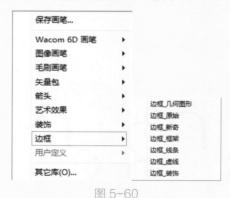

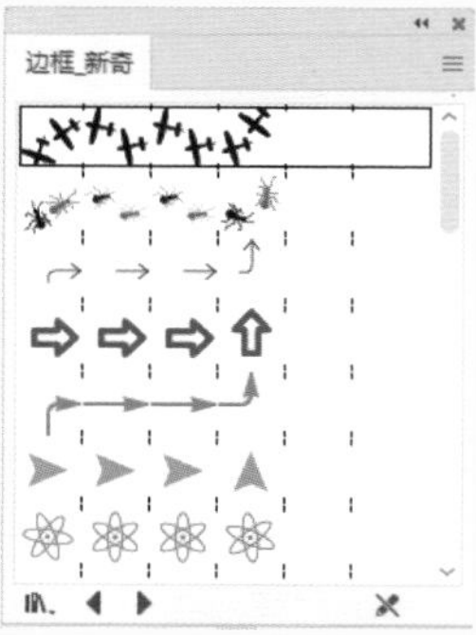

图 5-60

图 5-61

Step 03 单击工具箱中的"椭圆工具" ◯ 按钮，在画板任意处绘制一个圆形，如图 5-62 所示。

Step 04 选中该圆形，在"边框 - 新奇"面板中选择相应的笔触，效果如图 5-63 所示。趣味边框制作完成。

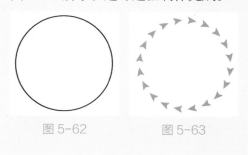

图 5-62　　　　图 5-63

知识点拨

　　画笔描边可以应用在任何矢量绘图工具所创建的路径。

　　如果该段路径已经应用了画笔描边，则新画笔样式将取代旧画笔样式应用于所选路径。

5.2.4 自定义新画笔

　　选中需要定义为画笔的对象，如图5-64所示。执行"窗口 > 画笔"命令，

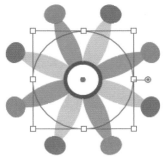

图 5-64

在弹出的"画笔"面板中，单击底部的"新建画笔" ⊞ 按钮，在弹出的"新建画笔"对话框中设置新建画笔的类型，单击"确定"按钮，如图5-65所示。

图 5-65

　　在弹出的"图案画笔"对话框中对新建画笔的各项参数进行设置，完成后单击"确定"按钮，如图5-66所示。新创建的画笔出现在"画笔"面板中，如图5-67所示。

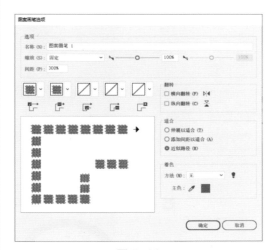

图 5-66

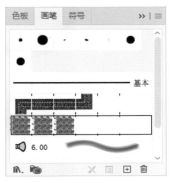

图 5-67

- 书法画笔：描边效果类似于使用毛笔、钢笔的效果。
- 散点画笔：将一个图形复制多次沿路径排列。
- 图案画笔：绘制一个图案，该图案由路径反复拼贴组成。
- 毛刷画笔：描边效果类似于软化笔外观的效果。
- 艺术画笔：描边效果能沿着路径拉伸画笔形状。

课堂练习 绘制中式边框

本案例将绘制一个中式边框，主要用到的工具有"椭圆工具" ○、"画笔工具" ✐ 等。

扫一扫 看视频

Step 01 新建一个竖向 A4 大小的空白文档。单击工具箱中的"椭圆工具" ○ 按钮，在画板任意处绘制一个圆形，如图 5-68 所示。

Step 02 选中绘制的圆形，执行"窗口>画笔"命令，打开"画笔"面板。在弹出的"画笔"面板中，单击"画笔库菜单" 按钮 ▥，执行"矢量包>颓废画笔矢量包"命令，选择合适的画笔，如图 5-69 所示。

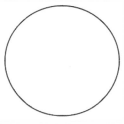

图 5-68

图 5-69

Step 03 选中该圆形，在控制栏中设置参数，如图 5-70 所示，选中并旋转该圆形，效果如图 5-71 所示。

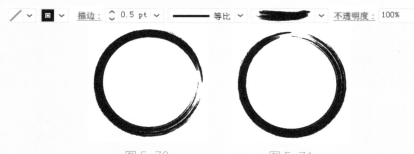

图 5-70

图 5-71

Step 04 执行 "文件>置入"命令，在弹出的"置入"对话框中选择素材"梅花素材 .tif"，取消勾选"链接"复选框，单击"置入"按钮，如图 5-72 所示。

Step05：在画板中合适位置单击，置入素材，调整素材大小和位置，完成置入，如图 5-73 所示。

图 5-72

图 5-73

至此，完成中式边框的制作。

5.3 铅笔工具组

右击工具箱中的"铅笔工具" ✏，在弹出的工具组中可以选择"Shaper工具" ✅、"铅笔工具" ✏、"平滑工具" ✐、"路径橡皮擦工具" ✐、"连接工具" ✐5种工具。

5.3.1 Shaper工具

"Shaper工具" ✅可绘制图形，也可对堆积在一起的路径进行简单的组合、合并、删除或移动。

（1）绘制图形

在画板中，使用"Shaper工具" ✅绘制粗略的几何形状轮廓，可自动生成标准的几何形状。

① 单击工具箱中的"Shaper工具" ✅按钮，在画板中绘制矩形，可得到标准的矩形，如图 5-74、图 5-75 所示。

② 单击工具箱中的"Shaper工具" ✅，在画板中绘制三角形，可得到标准的三角形，如图5-76、图5-77所示。

③ 单击工具箱中的"Shaper工具" ✅，在画板中绘制圆形，可得到标准的圆

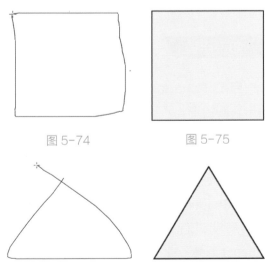

图 5-74

图 5-75

图 5-76

图 5-77

形，如图5-78、图5-79所示。

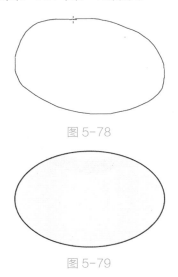

图 5-78

图 5-79

④ 单击工具箱中的"Shaper工具" ✐，在画板中绘制六边形，可得到标准的六边形，如图5-80、图5-81所示。

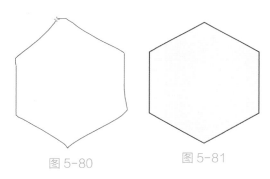

图 5-80　　　　　图 5-81

目前"Shaper工具" ✐只能绘制三角形、四边形、六边形、正圆、椭圆以及直线等。

（2）处理形状

"Shaper工具" ✐可以对一些重叠的形状进行处理。单击工具箱中的"Shaper工具" ✐按钮，在画板上绘制三个不同的形状，并填充不同的颜色，如图

5-82、图5-83所示。

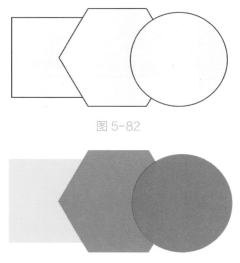

图 5-82

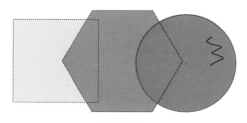

图 5-83

单击工具箱中的"Shaper工具"按钮 ✐，按住鼠标在重叠的矢量图形上进行涂抹。

① 若涂抹在单一形状内，那么该区域会被切出，如图5-84、图5-85所示。

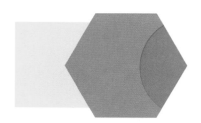

图 5-84

图 5-85

② 若涂抹在重叠形状的相交范围内，则相交的区域会被切出，如图5-86、图5-87所示。

Illustrator 从入门到精通

122

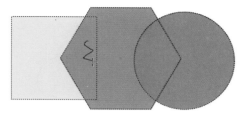

图 5-86

图 5-87

③ 若涂抹顶层的重叠部分及非重叠部分，那么顶层形状将会被切出，如图5-88、图5-89所示。

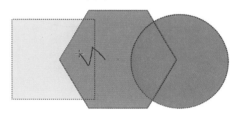

图 5-88

图 5-89

④ 若从底层非重叠区域涂抹至重叠区域，那么形状将被合并，合并区域颜色为涂抹起始点的颜色，如图5-90、图5-91所示。

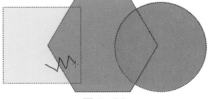

图 5-90

图 5-91

⑤ 若从顶层重叠区域涂抹至底层非重叠区域，那么形状将被合并，合并区域颜色为涂抹起始点的颜色，如图5-92、图5-93所示。

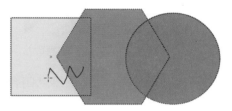

图 5-92

图 5-93

⑥ 若从空白区域涂抹至形状，则涂抹区域被切出，如图5-94、图3-95所示。

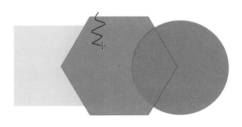

图 5-94

图 5-95

5.3.2　铅笔工具

"铅笔工具" ✏可以在画板中随意绘制不规则的线条。在绘制过程中，会根据鼠标的轨迹自动设定节点生成路径，如图5-96、图5-97所示。

图 5-96　　　　　图 5-97

"铅笔工具" ✏可以用来绘制闭合路径和开放路径，还可将已经存在的曲线的节点作为起点，延伸绘制出新的曲线，如图5-98、图5-99所示。

图 5-98　　　　　图 5-99

单击工具箱中的"铅笔工具"按钮✏，设置合适参数，在画板中按住鼠标拖拽绘制，如图5-100所示。绘制完成后松开鼠标即可看到绘制的线条，如图5-101所示。

图 5-100

图 5-101

若需将绘制的开放路径闭合，可以选中路径，单击工具箱中的"铅笔工具"按钮✏，移动鼠标至开放路径端点处，此时鼠标为✏形，如图5-102所示。

按住鼠标并拖拽至另一端点处，完成绘制，如图5-103所示。

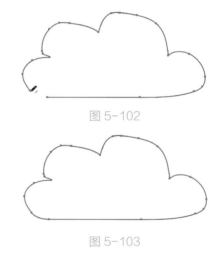

图 5-102

图 5-103

知识点拨

在使用铅笔工具单击拖拽绘制路径的过程中，若按下Alt键，光标变为✏状，此时释放鼠标将创建返回原点的最短线段来闭合图形。

5.3.3　平滑工具

"平滑工具" ✏可以平滑所选路径，并尽量保持路径原有形状。

选中需要平滑的图形，单击工具箱中的"平滑工具"按钮 ✎，按住鼠标在路径上需要平滑的位置处涂抹，使其平滑，如图5-104、图5-105所示。

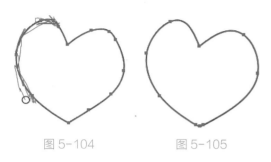

图 5-104   图 5-105

5.3.4 路径橡皮擦工具

"路径橡皮擦工具" ✎ 可以擦除矢量对象的路径和锚点，使路径断开。

选中要修改的路径对象，单击工具箱中的"路径橡皮擦工具"按钮 ✎，沿着要擦除的路径拖拽鼠标，即可擦除部分路径。被擦除过的闭合路径会变为开放路径，如图5-106、图5-107所示。

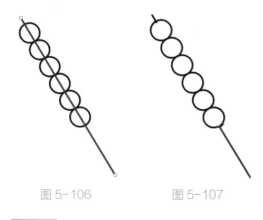

图 5-106   图 5-107

知识点拨

"路径橡皮擦工具" ✎ 不能擦除文本对象。

5.3.5 连接工具

"连接工具" ✍ 可将两条开放的路径连接起来，还可在保留路径原有形状的情况下，将多余的路径删除。

单击工具箱中的"连接工具" ✍ 按钮，在两条开放路径上按住鼠标拖拽，如图5-108所示。松开鼠标即完成连接，如图5-109所示。

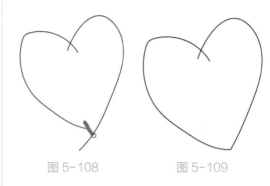

图 5-108   图 5-109

单击工具箱中的"连接工具" ✍ 按钮，在两条开放路径相交位置按住鼠标进行拖拽，如图5-110所示。松开鼠标即可将多余路径删除并完成连接，如图5-111所示。

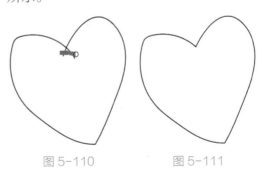

图 5-110   图 5-111

课堂练习 绘制插画图像

本案例将练习绘制一个插画图像——雪人，主

扫一扫 看视频

要用到的工具包括"Shaper工具" ✔、"铅笔工具" ✏、"平滑工具" ✏等。

Step 01 新建一个竖向 A4 大小的空白文档。单击工具箱中的"Shaper 工具" ✔ 按钮，在画板中绘制两个圆形，如图 5-112 所示。

Step 02 调整上步中绘制图形的位置，如图 5-113 所示。为便于管理，可选中两个圆形，执行"对象 > 编组"命令，将其编组。

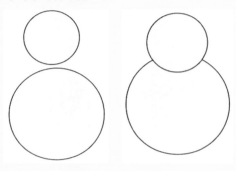

图 5-112   图 5-113

Step 03 单击工具箱中的"铅笔工具" ✏ 按钮，在画板中单击鼠标并拖拽绘制围巾路径，如图 5-114 所示。

Step 04 调整图层位置并填色，如图 5-115 所示。

图 5-114   图 5-115

Step 05 单击工具箱中的"Shaper 工具" ✔ 按钮，在画板中单击鼠标并拖拽绘制帽檐，如图 5-116 所示。

Step 06 单击工具箱中的"铅笔工具" ✏ 按钮，在帽檐上绘制帽子主体，如图 5-117 所示。

图 5-116   图 5-117

Step 07 单击工具箱中的"平滑工具" ✏ 按钮，对帽子主体路径进行平滑，如图 5-118 所示。

Step 08 单击工具箱中的"铅笔工具" ✏ 按钮，在帽子主体上绘制修饰，并填色，如图 5-119 所示。为便于管理，可选中帽子部分，执行"对象 > 编组"命令，将其编组。

图 5-118   图 5-119

Step 09 单击工具箱中的"铅笔工具" ✏ 按钮，在画板中单击鼠标并拖拽绘制手部路径，如图 5-120 所示。

Step 10 选中绘制的手部路径，在控制栏中设置填充，如图 5-121 所示。

图 5-120

图 5-121

Step 11 单击工具箱中的"铅笔工具"按钮 ✐，在画板中继续绘制鼻子、嘴巴部分，如图 5-122、图 5-123 所示。

图 5-122

图 5-123

Step 12 单击工具箱中的"Shaper 工具"按钮 ✐，在画板中单击鼠标并拖拽绘制圆形作为眼睛，如图 5-124、图 5-125 所示。

图 5-124

图 5-125

Step 13 ▶ 继续上述操作,绘制扣子,如图 5-126、图 5-127 所示。

图 5-126

图 5-127

至此,完成雪人插画图像的制作。

5.4 橡皮擦工具组

橡皮擦工具组多用于擦除与分割路径。鼠标右击工具箱中的"橡皮擦工具"按钮◆,在弹出的工具组中可以选择"橡皮擦工具"◆、"剪刀工具"✂、"刻刀工具"✐3种工具。

5.4.1 橡皮擦工具

"橡皮擦工具"◆可以快速擦除矢量图形的部分内容,被擦除后的图形将转换为新的路径并自动闭合所擦除的边缘。

单击工具箱中的"橡皮擦工具"◆按钮,在画板中拖拽鼠标进行涂抹,在未选中对象的情况下,可以擦除鼠标移动范围内的所有路径,如图5-128、图5-129所示。

若画板中有选中的对象,那么使用"橡皮擦工具"◆时只能擦除选定部分内鼠标涂抹的部分,如图5-130、图5-131所示。

图 5-128

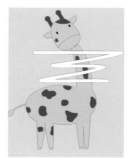

图 5-129

图 5-130

图 5-131

若想要擦除矢量图形中的规则区域，可以按住Alt键以矩形的方式进行擦除，如图5-132、图5-133所示。

 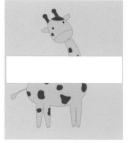

图 5-132　　　　　　图 5-133

操作提示

使用"橡皮擦工具" ◆时，按住Shift键进行拖拽可以沿水平、垂直及45°倍增角擦除。

双击工具箱中的"橡皮擦工具" ◆按钮，在弹出的"橡皮擦工具选项"对话框中可以对"橡皮擦工具" ◆的角度及圆度、大小进行设置，如图5-134所示。

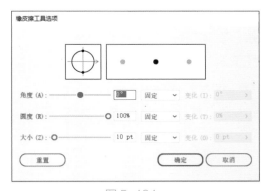

图 5-134

5.4.2　剪刀工具

"剪刀工具" ✂可以对路径或者矢量图形进行分割处理。

绘制一个矢量图形，单击工具箱中的"剪刀工具" ✂按钮，在路径或锚点

处单击，随后在另一处路径或锚点单击，图形会被分割为两个部分，选择移动工具拖拽可以比较清晰地看到分割效果，如图5-135、图5-136所示。

图 5-135　　　　　　图 5-136

5.4.3　刻刀工具

"刻刀" ✐可以对路径或矢量图形进行分割处理，相对于剪刀工具，其分割方式非常随意。

鼠标单击工具箱中的"刻刀"按钮✐，在画板中按住鼠标拖拽，在未选中对象的情况下，可以对鼠标移动范围内的所有对象进行切割，如图5-137、图5-138所示。

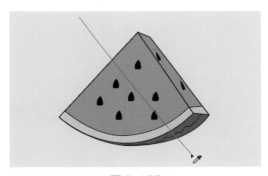

图 5-137

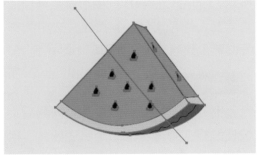

图 5-138

若画板中有选中的对象，那么使用"刻刀" ✐时只能切割选定对象，如图5-139、图5-140所示。

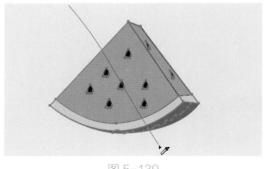
图 5-139

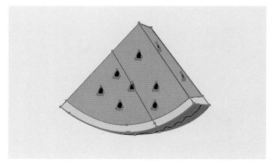
图 5-140

操作提示

使用"刻刀" ✐时，按住Alt键进行拖拽可以用直线分割对象，按住Shift+Alt键可以以45°角倍增直线分割对象。

橡皮擦工具组中的工具均只对矢量图形有效。

5.5 符号工具

符号工具组多用于制作大量重复的图形实例。

右击工具箱中的"符号喷枪工具" 按钮，在弹出的工具组中可以选择"符号喷枪工具" 、"符号移位器工具" 、"符号紧缩器工具" 、"符号缩放器工具" 、"符号旋转器工具" 、"符号着色器工具" 、"符号滤色器工具" 、"符号样式器工具" 8种工具，如图5-141所示。

执行"窗口>符号"命令，弹出"符号"面板，如图5-142所示。"符号"面板中的图形就是符号，鼠标单击选中符号后，单击"置入符号实例" ↳按钮，选中的符号即置入到画板上，如图5-143所示。

🖰 符号喷枪工具　(Shift+S)
🐾 符号移位器工具
🐾 符号紧缩器工具
🐚 符号缩放器工具
🔄 符号旋转器工具
🐾 符号着色器工具
🐾 符号滤色器工具
🔧 符号样式器工具

图 5-141

操作提示

也可在"符号"面板中选择符号后，按住鼠标向画板中拖动至合适位置，松开鼠标即可置入符号。

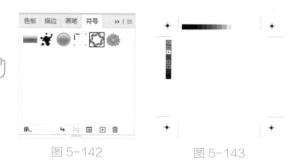

图 5-142　　图 5-143

若想快速在画板中置入大量的符号，可以单击工具箱中的"符号喷枪工具" 🔳 按钮，在"符号"面板中选择一个符号，然后在画板中按住鼠标拖拽，在鼠标光标经过的位置上将出现所选符号，松开鼠标即可完成置入，如图5-144、图5-145所示。

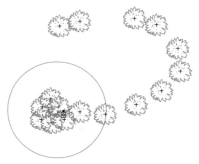

图 5-144

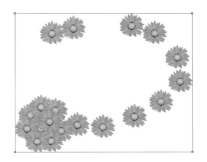

图 5-145

符号工具组中的另外7种工具主要配合"符号喷枪工具" 🔳 一起使用，主要作用如下。

●符号移位器工具 ✧：用于更改画板中已存在的符号的位置和堆叠顺序。

●符号紧缩器工具 ✧：用于调整画板中已存在的符号的密度。

●符号缩放器工具 ✧：用于调整画板中已存在的符号的大小。

●符号旋转器工具 ✧：用于调整画板中已存在的符号的角度。

●符号着色器工具 ✧：用于改变选中的符号的颜色。

●符号滤色器工具 ✧：用来改变选中的符号实例或符号组的透明度。

●符号样式器工具 ✧：将指定的图形样式应用到指定的符号实例中。该工具通常和"图形样式"面板结合使用。

如需新建符号，选中要新建的图形，单击"符号"面板中的"新建符号" 🔳 按钮或直接将图形拖动到"符号"面板，在弹出的"符号选项"对话框中设置相应的参数，单击"确定"按钮，完成新建符号，如图5-146、图5-147所示。

图 5-146

图 5-147

5.6 图表工具

图表工具可以直观而清晰地展示数据。Illustrator的工具箱中有9种不同的图表工具，基本覆盖了常用的图表类型，满足不同的设计需求。

右击工具箱中的"柱形图工具" 📊 按钮，在弹出的工具组中可以看到9种图表类型，如图5-148所示。

图 5-148

●柱状图工具 ▦：柱形图常用于显示一段时间内的数据变化或显示各项之间的比较情况，可以较为清晰地表现出数据，如图5-149所示。

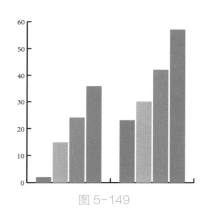

图 5-149

●堆积柱状图工具 ▦：堆积柱形图工具创建的图表与柱形图类似，但是堆积柱形图是一个个堆积而成的，而柱形图只是一个，如图5-150所示。

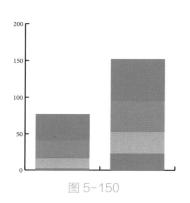

图 5-150

●条形图工具 ▤：条形图与柱形图的区别在于，条形图是横向的柱形，如图5-151所示。

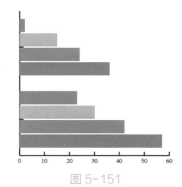

图 5-151

●堆积条形图工具 ▤：堆积条形图是水平堆积的效果，如图5-152所示。

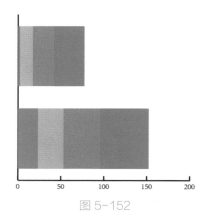

图 5-152

●折线图工具 ▨：折线图可以显示随时间而变化的连续数据，适用于显示在相等时间间隔下数据的趋势，如图5-153所示。

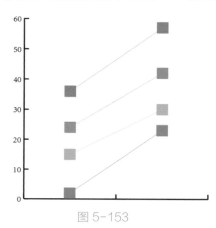

图 5-153

● **面积图工具** ：面积图与折线图的区别在于，面积图被填充颜色，如图5-154所示。每列数据会形成单独的面积图。

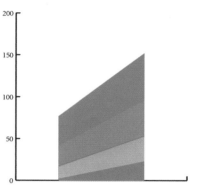

图 5-154

● **散点图工具** ：散点图就是数据点在直角坐标系平面上的分布图，如图5-155所示。

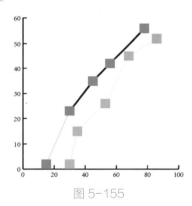

图 5-155

● **饼图工具** ：饼图最大的特点是可以显示每一个部分在整个饼图中所占的百分比，如图5-156所示。

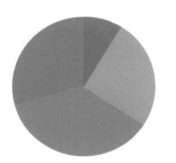

图 5-156

● **雷达图工具** ：雷达图又可称为戴布拉图、蜘蛛网图，常用于财务分析报表，如图5-157所示。

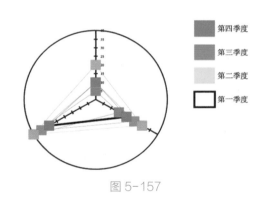

图 5-157

综合实战　　绘制手抄报图像

扫一扫 看视频

本案例将练习绘制一张垃圾分类主题手抄报，主要用到的工具有"钢笔工具" 、"画笔工具" 、"铅笔工具" 等。

Step 01 新建一个横向 A4 大小的空白文档。单击工具箱中的"矩形工具" 按钮，绘制一个与画板等大的矩形，如图 5-158所示。在控制栏中设置填充描边等参数，

如图 5-159 所示。

图 5-158

133

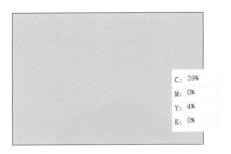

图 5-159

Step 02 单击工具箱中的"铅笔工具" ✏ 按钮，在画板中绘制图案并填色，如图 5-160、图 5-161 所示。

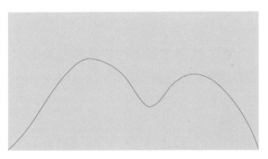

图 5-160

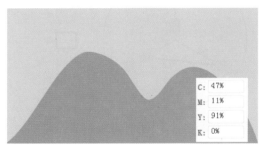

图 5-161

Step 03 继续上述操作，绘制文本框，如图 5-162、图 5-163 所示。

图 5-162

图 5-163

Step 04 继续上述操作，绘制文本框，如图 5-164、图 5-165 所示。

图 5-164

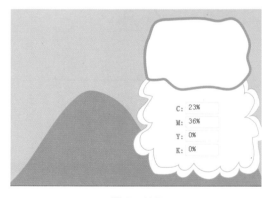

图 5-165

Step 05 单击工具箱中的"矩形工具" 按钮 ▢,在画板上合适位置拖拽绘制矩形，在控制栏中设置参数，如图 5-166 所示。选中绘制的矩形，打开 Ctrl+C 组合键复制，打开 Ctrl+B 组合键贴在后面，选中后面的矩形，旋转合适角度，如图 5-167 所示。

图 5-166

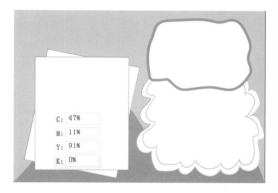

C:	47%
M:	11%
Y:	91%
K:	0%

图 5-167

Step 06 单击工具箱中的"钢笔工具"按钮✐，在矩形上方绘制回形针，设置参数，如图 5-168、图 5-169 所示。

图 5-168

Step 07 单击工具箱中的"Shaper 工具"按钮✅，在画板底部绘制圆形作为树冠，调整合适大小与填充，如图 5-170 所示。

Step 08 单击工具箱中的"钢笔工具"按钮✐，在画板中绘制树的枝干，调整合

图 5-169

图 5-170

适大小与填充，如图 5-171 所示。为便于管理，可选中树冠与树枝干，执行"对象 > 编组"命令，将其编组。

图 5-171

Step 09 重复上述操作，继续绘制树，如图 5-172、图 5-173 所示。

Step 10 单击工具箱中的"Shaper 工具"按钮✅，绘制矩形，重复几次，绘制出垃圾桶轮廓，如图 5-174 所示。

图 5-172

图 5-175

图 5-173

图 5-176

图 5-174

图 5-177

Step 11 单击"选择工具"，调整矩形圆角。在控制栏中设置参数，如图 5-175 所示。为便于管理，可选中垃圾桶，执行"对象 > 编组"命令，将其编组。

Step 12 单击工具箱中的"钢笔工具"按钮 ✐，在垃圾桶上绘制可循环标志，如图 5-176 所示。选中绘制的可循环标志，在控制栏中设置参数，如图 5-177 所示。

Step 13 选中垃圾桶编组及可循环标志，按住 Alt 键与鼠标向右拖拽，重复几次，复制四个相同的垃圾桶，如图 5-178 所示。调整另外三个垃圾桶填色，如图 5-179 所示。

Step 14 单击工具箱中的"文字工具" **T**，在画板中输入文字，在控制栏中设置参数，如图 5-180 所示。

图 5-178

图 5-179

图 5-180

图 5-181

图 5-182

控制栏中设置填充白色，得到的效果如图 5-183 所示。

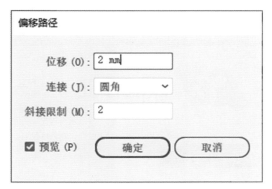

图 5-183

Step 15　单击工具箱中的"修饰文字工具"，鼠标单击上步中输入的文字，选中单个文字依次进行修饰，如图 5-181 所示。

Step 16　选中修饰过的文字，右击鼠标，在弹出的菜单中选择"创建轮廓"选项，如图 5-182 所示。

Step 17　执行"对象>路径>偏移路径"命令，设置参数，单击"确定"按钮，在

Step 18　单击工具箱中的"Shaper 工具"按钮，绘制矩形与圆形，如图 5-184 所示，调整合适大小与位置，如图 5-185 所示。为便于管理，选中绘制的矩形与圆形，执行"对象>编组"命令，将其编组。

137

图 5-184

图 5-186

图 5-185

图 5-187

 继续上述操作，绘制云朵装饰，如图 5-186 所示，调整排列顺序并放置于合适位置，如图 5-187 所示。

至此，完成手抄报图像的制作。

📖 **课后作业** ╱ 设计手绘版桌面背景

项目需求

受某幼儿园委托帮其设计桌面背景，要求风格卡通化，乐观积极向上，色彩鲜艳，符合少儿审美。

项目分析

桌面背景主体是一个身穿背带裤的大象，形象较为少儿化，具有代入感；大象动作为加油打气的动作，比较积极；桌面背景主体采用了浅粉色，给人一种温暖的感觉；周围环绕的圆形则增加了活力。

项目效果

效果如图5-188所示。

图 5-188

操作提示

Step01：使用矩形工具绘制背景。

Step02：使用钢笔工具勾勒主体图案轮廓并填色。

Step03：使用椭圆工具绘制点缀物。

第 6 章
填充与描边

★ 内容导读

本章主要针对 Illustrator 软件中的填充与描边进行讲解。色彩是平面
设计中非常重要的因素，Illustrator 中的填充和描边可以帮助用户对
设计作品进行艺术处理，更好地体现自己的设计理念。

 学习目标

○ 掌握多种填充与描边的方法
○ 学会设置填充与描边
○ 掌握渐变的应用技能

6.1 填充与描边

填充指的是路径内部的颜色，可以是单一的颜色，也可以是渐变或图案。描边可以为路径轮廓添加颜色、渐变或图案，也可以设置路径轮廓的宽度、样式、形态等。

6.1.1 填充

填充可以为矢量对象或文字添加颜色、渐变或图案。在Illustrator软件中，填充可以分为单色填充、渐变填充和图案填充三种类型。

（1）单色填充

单色填充可以为路径填充单一的颜色。选中绘制的路径，在控制栏中单击"填充"色块可以对路径进行填充，如图6-1、图6-2所示。

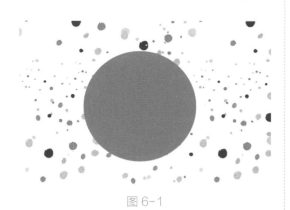

图 6-1

图 6-2

（2）渐变填充

渐变填充可以为路径填充渐变色，如图6-3、图6-4所示。

图 6-3

图 6-4

（3）图案填充

图案填充可以为路径填充图案，如图6-5、图6-6所示。

图 6-5

图 6-6

141

（4）网格工具

网格工具不仅可以进行复杂的颜色设置，也可以更改矢量对象的形状，如图6-7、图6-8所示。

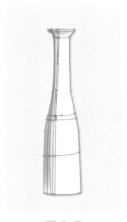

图6-7　　　　　　图6-8

单击工具箱中的"网格工具" 按钮，在矢量图形上任意位置单击即可增加网格点，在选中"网格工具" 的情况下，鼠标单击网格点选中网格点，即可在"标准的Adobe颜色控制组件"中更改填充颜色，在属性栏中更改透明度等参数来改变填充效果。鼠标按住选中的网格点拖拽即可移动网格点位置。

（5）实时上色

"实时上色工具" 可以对多个对象的交叉区域进行填充。单击工具箱中的"形状生成器工具" 按钮，在弹出的工具组中可以选择"形状生成器工具" 、"实时上色工具" 、"实时上色选择工具" 3种工具。

选中需要填充颜色的两个有重叠部分的矢量图形，如图6-9所示。单击工具箱中的"实时上色工具" 按钮，在需要填充颜色的区域单击，如图6-10所示。

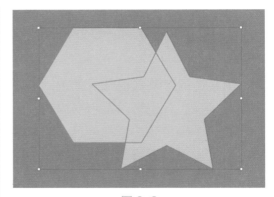

图6-9

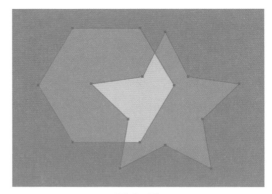

图6-10

单击工具箱中的"实时上色选择工具" 可以选择实时上色组的表面和边缘，为其单独或统一上色。

6.1.2　描边

描边针对的是路径的边缘，通过描边，可以为矢量对象或文字对象的边缘添加单一颜色、渐变或图案效果。

单色描边可以为路径边缘设置单色，如图6-11、图6-12所示。

图6-11　　　　　　图6-12

渐变描边可以为路径边缘设置渐变色，如图6-13、图6-14所示。

图案描边可以为路径边缘设置图案，如图6-15、图6-16所示。

图6-13　　　　　　图6-14　　　　　　图6-15　　　　　　图6-16

在Illustrator软件中，用户不仅可以更改描边的颜色，还可以设置描边的样式，如图6-17所示。更改描边宽度，如图6-18所示。更改变量宽度配置文件，如图6-19所示。利用画笔工具为路径添加不同的画笔笔触进行描边，如图6-20所示。

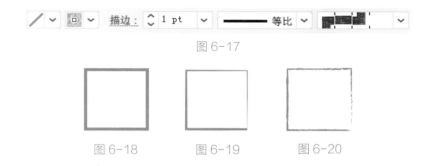

图6-17

图6-18　　　　　图6-19　　　　　图6-20

课堂练习 线稿填色

本案例将练习填色，涉及的知识点包括置入文件、填充、描边等。

Step 01 执行"文件>打开"命令，在弹出的"打开"对话框中选择"猫头鹰.ai"，单击"确定"按钮，打开文件，如图6-21所示。

Step 02 选择猫头鹰头部图形，双击工具箱中的"填色"按钮，在弹出的"拾色器"面板中选择合适的颜色填充，如图6-22所示。

C:	52%
M:	64%
Y:	95%
K:	11%

图6-21　　　　　　　　　　图6-22

Step 03 继续上述操作，为线稿中的闭合路径上色，完成后的效果如图6-23、图6-24所示。

143

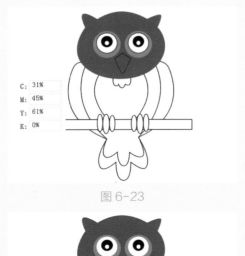

C: 31%
M: 45%
Y: 61%
K: 0%

图 6-23

图 6-26

Step 06 单击鼠标，完成填充，如图
6-27 所示。使用上述方法依次填充
其他空白区域，完成后效果如图 6-28
所示。

C: 12%
M: 65%
Y: 93%
K: 0%

图 6-24

Step 04 选中线稿中的开放路径及与
之相接的闭合路径，如图 6-25 所示。

Step 05 单击工具箱中的"实时上色
工具"，在控制栏中设置填充颜色，
然后在画板上选择一个开放路径与闭
合路径组成的区域，如图 6-26 所示。

图 6-27

图 6-25

图 6-28

Step 07 选择"实时上色组"图形，
调整图形位置，如图 6-29 所示。

Step 08 完成绘制，保存文件，如图

6-30 所示。

图 6-29

图 6-30

至此，完成线稿填充。

6.2 设置填充与描边

在Illustrator软件中，设置填充与描边有多种方法，其中最便捷的就是通过工具箱底部的"标准的Adobe颜色控制组件"来进行设置。

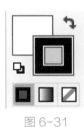

在标准的Adobe颜色控制组件中，用户可以对矢量对象进行填充或者描边操作，如图6-31所示。

图 6-31

其中，各按钮功能如下。

●填色□：双击该按钮，可以在弹出的拾色器中选择填充颜色，如图6-32所示。

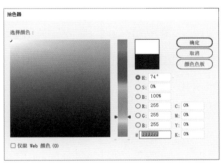

图 6-32

●描边▣：双击该按钮，可以在弹出的拾色器中选择描边颜色，如图6-33所示。

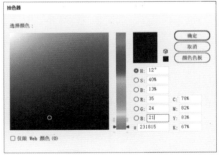

图 6-33

●互换填色和描边↰：单击该按钮，可以互换填充和描边颜色。

145

●默认填色和描边 ：单击该按钮，可以恢复默认颜色设置（白色填充和黑色描边）。

●颜色■：单击该按钮，可以将上次的颜色应用于具有渐变填充或者没有描边或填充的对象。

●渐变■：单击该按钮，可以将当前选择的路径更改为上次选择的渐变。

●无◨：单击该按钮，可以删除选定对象的填充或描边。

除了使用标准的Adobe颜色控制组件来进行填充和描边以外，用户还可以使用"颜色"面板和"色板"面板进行填充和描边。接下来将针对这两个面板进行详细讲解。

6.2.1 颜色面板的使用

"颜色"面板可以对矢量图形进行单一颜色的填充和描边的设置。执行"窗口 > 颜色"命令，打开"颜色"面板，如图6-34所示

图 6-34

单击面板菜单按钮，在弹出的菜单中，选择"显示选项"，可以精确设置颜色数值，如图6-35、图6-36所示。

图 6-35

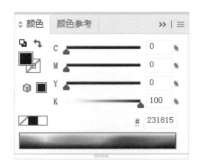

图 6-36

（1）填充颜色

选中需要填充颜色的路径，在"颜色"面板中单击填充按钮，拖动颜色滑块，即可为路径填充颜色，也可直接在色谱中拾取颜色。

课堂练习 为热气球填色

本案例将练习为热气球填充颜色，涉及的知识点主要是使用"颜色"面板进行填色。

扫一扫 看视频

Step 01 打开 Illustrator 软件，执行"文件 > 打开"命令，在弹出的"打开"对话框中选择"热气球 .ai"，单击"确定"按钮，打开文件，如图6-37所示。

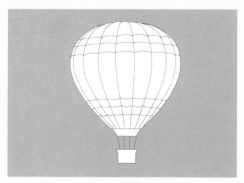

图 6-37

Step 02 选中打开文件中的路径，执行"窗口 > 颜色"命令，打开"颜色"

面板，在色谱中拾取颜色，如图6-38
所示。

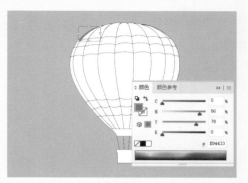

图 6-38

Step 03 使用相同的方法，填充其他
路径颜色，最终效果如图6-39所示。

Step 04 选中所有路径，在"颜色"
面板中单击描边按钮，拖动颜色滑块，
设置描边颜色，如图6-40所示。

图 6-39

图 6-40

操作提示

若要快速设置无色、黑色或白色，可
以单击"颜色"面板上的"无" 按钮、
"黑色" 按钮或"白色" 按钮。

● 无 按钮：去除所选对象的填充色
或描边色。

● 黑色 按钮：将所选对象的颜色设
置为黑色。

● 白色 按钮：将所选对象的颜色设
置为白色。

（2）模式选择

单击"颜色"面板的菜单按钮，弹
出下拉菜单，在菜单中可以选择"灰
度""RGB""HSB""CMYK""Web
安全RGB"5种不同的颜色模式，如
图6-41所示。选择的模式仅影响"颜
色"面板的显示，并不更改文档的颜色
模式。

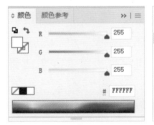

图 6-41

（3）反相

选中图形，单击"颜色"面板的菜单
按钮，弹出下拉菜单，在菜单中选择"反
相"选项，可以得到当前颜色的反相颜
色，如图6-42、图6-43所示。

图 6-42　　　　　　图 6-43

（4）补色

选中图形，单击"颜色"面板的菜单按钮，弹出下拉菜单，在菜单中选择"补色"选项，可以得到当前颜色的补色，如图6-44、图6-45所示。

图 6-44　　　　　　图 6-45

6.2.2　色板面板的使用

"色板"面板可以对矢量对象进行填充和描边的设置。在"色板"面板中，不仅可以设置纯色，也可以设置渐变色或者图案。执行"窗口 > 色板"命令，打开"色板"面板，如图6-46所示。

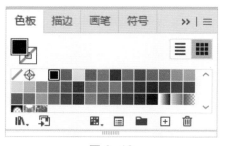

图 6-46

接下来，对"色板"面板的用法做出详细讲解。

（1）填充颜色

选中需要设置颜色的对象，在"色板"面板选择填充按钮，单击"色板"面板中的某一颜色，即可为选中的对象填充颜色，如图6-47、图6-48所示。

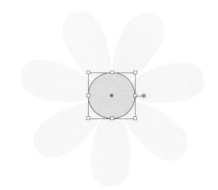

图 6-47

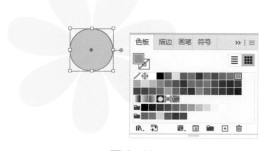

图 6-48

（2）填充渐变色

选中花瓣，单击"色板"面板下方的"显示色板类型菜单"按钮 ，弹出下拉菜单，选择"显示渐变色板"选项，如图6-49所示。选择一个渐变色，效果如图6-50所示。

图 6-49

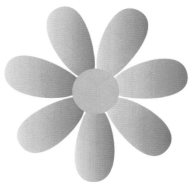

图 6-50

（3）填充图案

选中花心，单击"色板"面板下方的"显示色板类型菜单" ![icon] 按钮，弹出下拉菜单，选择"显示图案色板"选项，如图6-51所示。选择合适的图案，效果如图6-52所示。

图 6-51

图 6-52

（4）色板选项

若打开的"色板"面板中没有想要的颜色，可以任选一个颜色，单击"色板"面板底部的"色板选项"按钮 ![icon]，弹出"色板选项"对话框，在该面板中可对色

板名称、颜色类型、颜色模式等参数进行设置或修改，如图6-53所示。

图 6-53

（5）色板库菜单

"色板"面板中包含大量颜色，但这并不是"色板"面板的全部。Illustrator软件中还有包含大量颜色、渐变、图案的"色板库"。

执行"窗口 > 色板库"命令，可以查看色板库列表，如图6-54所示。选择一个色板库后，会弹出选择的色板库面板，使用方法与"色板"面板相同。也可以直接单击"色板"面板底部的"色板库"菜单按钮，打开色板库列表如图6-55所示。

图 6-54   图 6-55

（6）新建色板

在画板中设置合适的填充颜色，单击

149

"色板"面板底部的"新建色板" 按钮，或者单击面板菜单按钮，在弹出的菜单中执行"新建色板"命令，如图6-56所示。在弹出的"新建色板"对话框中，可以设置色板的名称、颜色类型、颜色模式等参数，如图6-57所示。设置完成后单击"确定"按钮，完成新建色板。

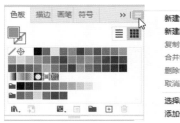

图 6-56

图 6-57

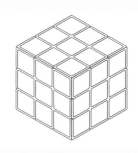

图 6-58

图 6-59

Step 03 单击选择魔方中任一小圆角矩形，在"色板"面板上单击"填色"按钮，选择合适的颜色填充，设置描边无，如图6-60所示。选择相同颜色的圆角矩形色块，按照上述步骤填色，如图6-61所示。

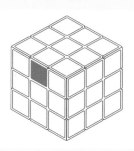

图 6-60

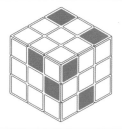

图 6-61

Step 01 执行"文件＞打开"命令，在弹出的"打开"对话框中选择"魔方.ai"，单击"确定"按钮，打开文件，如图6-58所示。

Step 02 执行"窗口＞色板"命令，打开"色板"面板，如图6-59所示。

Step 04 继续上述操作，填充"色板"面板中颜色，如图6-62、图6-63所示。

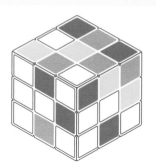

图 6-62

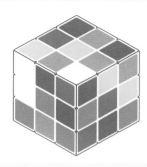

图 6-63

Step 05 执行"窗口 > 颜色"命令，打开"颜色"面板，如图6-64所示。

选择画板中的大圆角矩形，在"颜色"面板中单击填充按钮，拖动颜色滑块调整至黑色，如图 6-65 所示。

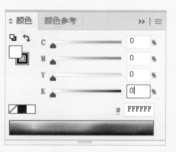

图 6-64

图 6-65

至此，完成三阶魔方填色。

6.3 渐变的编辑与使用

渐变是指由一种颜色过渡到另一种颜色。在Illustrator软件中提供了线性渐变、径向渐变和任意形状渐变3种渐变类型。其中，任意形状渐变是Illustrator CC 2019版新增的功能，它提供了新的颜色混合功能，可以创建更自然、更丰富逼真的渐变。

6.3.1 渐变面板的使用

执行"窗口 > 渐变"命令，弹出"渐变"面板，在面板中可以设置渐变的类型、角度、颜色、位置等，如图6-66、图6-67所示。其中，线性渐变和径向渐变的面板基本一致，任意形状渐变的面板则与另外两种有所不同。

图 6-66

图 6-67

接下来对这3种渐变类型进行介绍。

（1）线性渐变

执行"窗口＞渐变"命令，弹出"渐变"面板，选中要填充渐变的对象，在"渐变"面板中单击"线性渐变"按钮■，此时"渐变"面板如图6-68所示。选中的图形会被填充上默认的渐变颜色，如图6-69所示。

图 6-68

图 6-69

选中要填充渐变的对象，单击面板中的"编辑渐变"按钮，可以对渐变的颜色、原点、不透明度、位置和角度进行修改，如图6-70、 图6-71

图 6-70

所示。

图 6-71

Illustrator CC 2019在"渐变"面板上还新增了"拾色器"按钮✐,用户可以单击"拾色器"按钮✐吸取想要的颜色。

（2）径向渐变

径向渐变的操作基本和线性渐变一致。

执行"窗口＞渐变"命令，弹出"渐变"面板，选中要填充渐变的对象，在"渐变"面板中单击"径向渐变"按钮■，此时"渐变"面板如图6-72所示。选中的图形会被填充上默认的渐变颜色，如图6-73所示。

图 6-72

图 6-73

选中要填充渐变的对象，单击面板中

的"编辑渐变"按钮，可以对渐变的颜色、原点、不透明度、位置和角度进行修改，如图6-74、图6-75所示。

图 6-74

图 6-75

（3）任意形状渐变

任意形状渐变有两种模式：点模式和线模式。

执行"窗口＞渐变"命令，弹出"渐变"面板，选中要填充渐变的对象，在"渐变"面板中单击"任意形状渐变"按钮■，此时"渐变"面板如图6-76所示。选中的图形会被填充上默认的渐变颜色，

图 6-76

且图形边缘处会出现色标点，如图6-77所示。单击选中色标点，按住鼠标进行拖动可以移动色标点位置。

图 6-77

选中色标点，可以在"渐变"面板中更改该色标点的颜色、透明度等参数，如图6-78、图6-79所示。

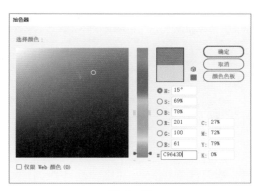

图 6-78

图 6-79

选择"渐变"面板上的"点"或"线"选项，可以通过不同的方式增加色标点来丰富渐变层次。

● "点"选项：选择"渐变"面板中

153

的"点"选项,在面板任意位置单击即可增加新的色标点,新增的色标点颜色与上次选中的色标点颜色一致。若需更改该色标点的参数,选中该色标点,在"渐变"面板中即可更改,如图6-80、图6-81所示。

图 6-80

图 6-81

● "线"选项:选择"渐变"面板中的"线"选项,在面板任意位置单击即可增加新的色标点,与"点"选项不同的是,"线"选项绘制的点会连接成线,如图6-82、图6-83所示。按Esc键可结束开放路径的绘制。

图 6-82

图 6-83

单击选中路径上的色标点,可在"渐变"面板中更改该色标点的参数。

 操作提示

点:在对象中作为独立点创建色标,通过控制点的位置和范围圈大小来调整渐变颜色的显示区域,如图6-84所示。

线条:在对象中以线段或者曲线的方式创建色标。线模式类似贝塞尔路径,可以是闭合路径,也可以是开放路径,如图6-85所示。空白处点击即可新增点,选中点后按Delete键即可删除,选中点按Alt键可以切换为尖角或圆角。

图 6-84

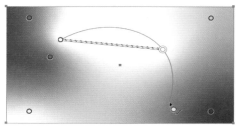

图 6-85

6.3.2　调整渐变形态

"渐变"面板为图形填充渐变，选用"渐变工具" ■可以对图形的渐变调整角度、位置和范围。

（1）渐变控制器的使用

选中需要渐变填充的图形，单击工具箱中的渐变工具，即可看到渐变批注者，也常被称为渐变控制器，如图6-86所示。单击渐变控制器，调节其渐变颜色，如图6-87所示。

图 6-86

图 6-87

（2）渐变控制器的长度调节

使用渐变控制器时，移动鼠标至右侧，当鼠标箭头变为方形箭头，可调节渐变控制器的长度，如图6-88所示。松开鼠标后，渐变的颜色也会随之改变，效果如图6-89所示。

图 6-88

图 6-89

（3）渐变控制器的方向调节

移动鼠标至渐变控制器右侧，当鼠标箭头变为旋转箭头⟲，可调节渐变控制器的方向，如图6-90所示。松开鼠标后，渐变颜色的方向也会发生变化，如图6-91所示。

图 6-90

图 6-91

渐变批注者仅对线性渐变和径向渐变有效；执行"视图>隐藏渐变批注者"或"视图>显示渐变批注者"命令控制渐变批注者的显示和隐藏。

6.3.3 设置对象描边属性

对象的描边属性由颜色、路径宽度和画笔样式三部分构成。颜色可以在工具箱中进行设置，也可以结合"色板"面板、"颜色"面板或者"渐变"面板进行设置。

选择属性栏中的"描边"按钮，即可显示下拉面板，如图6-92所示。执行"窗口>描边"命令，也可以弹出"描边"面板，如图6-93所示。

图 6-92

图 6-93

接下来，针对"描边"面板的各个选项来进行讲解。

● 粗细：描边的粗细程度。

● 端点：指一条开放线段两端的端点，分为平头端点、圆头端点、方头端点三种。

● 边角：指直线段改变方向（拐角）的地方，分为斜切连接、圆角连接、斜角连接三种。

● 限制：用于设置超过指定数值时扩展倍数的描边粗细。

● 对齐描边：用于定义描边和细线为中心对齐的方式。

● 虚线：在描边面板中勾选虚线选项，在虚线和间隙文本框中输入数值定义虚线中线段的长度和间隙的长度，此时描边将变成虚线效果。

● 箭头：用于设置路径始点和终点的样式。

● 缩放：用于设置路径两端箭头的百分比大小。

● 对齐：用于设置箭头位于路径终点的位置。

● 配置文件：用于设置路径的变量宽度和翻转方向。

知识点拨

保留虚线和间隙的精确长度 ⌶⌷：可以在不对齐的情况下保留虚线外观。

使虚线与边角和路径终端对齐，并调整到适合长度 ⌶⌷：可让各角的虚线和路径的尾端保持一致并可预见。

课堂练习 制作贵宾卡

本案例练习制作一张贵宾卡，主要用到的工具有矩形工具、文字工具等。

扫一扫 看视频

Step 01 新建一张空白文档，设置参数如图6-94所示。

Step 02 单击工具箱中的"矩形工具"按钮□，在画板中绘制一个和画板等大的矩形，如图6-95所示。

图 6-94

图 6-95

Step 03 选中该矩形,执行"窗口>渐变"命令,弹出"渐变"面板,在"渐变"面板中选择径向渐变,

图 6-96

并调整参数,如图 6-96 所示。调整矩形圆角,如图 6-97 所示。

图 6-97

Step 04 单击工具箱中的"圆角矩形工具"按钮 ▢ ,如图 6-98 所示。

Step 05 在画板中合适位置绘制圆角矩形,选中该圆角矩形,在控制栏中设置描边与填充,完成后如图 6-99所示。

图 6-98

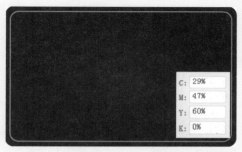

图 6-99

Step 06 单击工具箱中的"椭圆工具"按钮 ◯ ,在画板中合适位置绘制正圆,如图 6-100 所示。

图 6-100

Step 07 单击工具箱中的"直接选择工具"按钮 ▷ ,单击上步中绘制正圆的一个锚点并拖拽,拉到合适位置后,在控制栏中将该点转换为尖角锚点,如图 6-101 所示。

157

图 6-101

Step 08 选中上步中变换的图形，在控制栏中设置填充物，执行"窗口 > 渐变"命令，弹出"渐变"面板，在"渐变"面板中选择径向渐变，设置参数，完成后如图 6-102 所示。

图 6-102

Step 09 选中上步中设置好的图形，鼠标单击，在弹出的下拉菜单中选择"变换 >

图 6-103

旋转"选项，在弹出的"旋转"面板中设置参数，设置完成后单击"复制"按钮，如图 6-103 所示。

Step 10 重复上述步骤两次，得到四个圆形变换图形，如图 6-104 所示。调整至合适位置及大小，如图 6-105 所示。

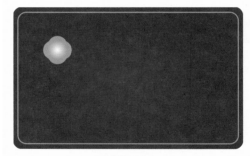

图 6-104

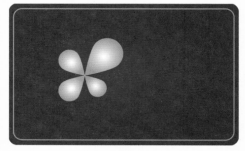

图 6-105

Step 11 单击工具箱中的"文字工具"按钮 **T**，在画板中输入文字，设置参数，设置完成后调整至合适位置，如图 6-106、图 6-107 所示。

图 6-106

图 6-107

至此，完成贵宾卡的绘制。

本案例将练习绘制一张个人名片，主要用到的工具有矩形工具、文字工具等。

Step 01 新建一张空白文档，设置参数如图6-108所示。

预设详细信息

未标题-3

宽度
90 mm   毫米

高度   方向   画板
54 mm   👤 👤   1

出血
上   下
0 mm   0 mm
左   右
0 mm   0 mm

❯ 高级选项
颜色模式:CMYK, PPI:300

图 6-108

Step 02 单击工具箱中的"矩形工具"按钮 ▭，在画板中绘制一个和画板等大的矩形，如图6-109所示。

图 6-109

Step 03 单击"矩形工具" ▭，在画板中绘制矩形，如图6-110所示。选中绘制的矩形，在控制栏中设置参数，如图6-111所示。

Step 04 继续上述操作，在画板中绘制

矩形并填充，如图6-112、图6-113所示。

图 6-110

图 6-111

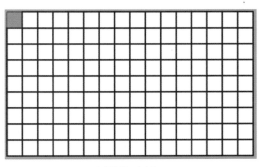

图 6-112

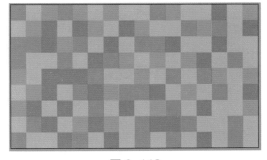

图 6-113

159

Step 05 选中中间部分矩形，在控制栏中调整透明度为 15%，如图 6-114、图 6-115 所示。

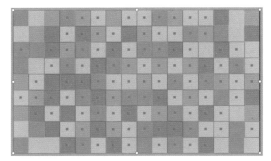

图 6-114

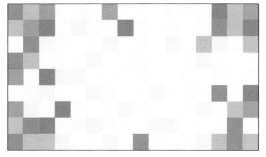

图 6-115

Step 06 单击工具箱中的"文字工具"按钮 **T**，在画板中输入文字，设置参数，设置完成后调整至合适位置，如图 6-116、图 6-117 所示。

Step 07 执行"文件 > 置入"命令，在弹出的"置入"对话框中选择素材"电话图标 .png"，取消勾选"链接"复选框，单击"置入"按钮，在画板中任一处单击，置入位图，调整位图大小和位置，完成置入，如图 6-118 所示。

图 6-116

图 6-117

图 6-118

Step 08 重复上述步骤，依次置入"地址图标 .png""网址图标 .png""邮箱图标 .png"三张素材，并放置于合适位置，如图 6-119 所示。

图 6-119

至此，完成个人名片的绘制。

课后作业 / 设计汉堡宣传海报

项目需求

受某汉堡店委托帮其设计汉堡宣传海报，要求突出主体，看着有食欲。

项目分析

橙色温暖而充满活力，是最能激发食欲的颜色，因此主体背景选用橙黄色；文字部分增加白色边框，提亮画面，平衡整体的视觉温度；汉堡主体放置于整个画面上半部分，吸引视线。

项目效果

效果如图6-120所示。

操作提示

Step01：使用矩形工具绘制背景并填色。

Step02：使用钢笔工具绘制汉堡主体并填色。

Step03：输入文字并调整至合适大小位置以及颜色。

图6-120

第 7 章
图层和蒙版的应用

★ 内容导读

本章主要对 Illustrator 软件中的图层和蒙版进行讲解，包括图层的新建与设定、收集与释放等，以及剪切蒙版和不透明蒙版在图像和文字中的应用，来帮助用户更好地操作 Illustrator 软件。

◐ 学习目标

○ 通过图层学习整理与归纳对象
○ 通过蒙版制作抠图文件等

考虑到不同读者的学习需求，为了更加方便读者进阶学习，本章内容以 PDF 形式提供。读者可以通过扫描二维码随时随地拓展学习这部分内容。

扫码获取资源

第 8 章
特殊效果组

★ 内容导读

本章主要对 Illustrator 软件中的效果进行讲解。Illustrator 软件中的效果主要改变的是对象的外观而不更改其本质。通过特殊效果组，用户可以为对象添加收缩、膨胀、扭曲、变换等效果，也可以用来制作 3D 图像或者具有透视感的设计。

⏻ 学习目标

○ 学会为对象添加效果
○ 学会修改编辑效果
○ 熟练使用效果

8.1 "效果"菜单应用

通过"效果"菜单，用户可以在不更改对象原始信息的情况下更改对象外观。单击"效果"菜单，在下拉菜单中可以看到很多效果组，如图8-1所示。通过这些效果组就可以达到为对象添加效果的目的。

图 8-1

8.1.1 为对象应用效果

"效果"菜单中包含很多效果，这些效果的使用方法大致相同。

以"涂抹"效果为例。选中要添加效果的对象，如图8-2所示。执行"效果 > 风格化 > 涂抹"命令，在弹出的"涂抹选项"对话框中设置参数，完成后单击"确定"按钮，即可为对象添加效果，如图8-3所示。

图 8-2

图 8-3

8.1.2 栅格化效果

与"对象"菜单中的"栅格化"命令不同的是，"效果"菜单中的"栅格化"命令可以创建栅格化外观，使其外观变为位图对象，但是本质上还是矢量对象，可以通过"外观"面板进行更改。

选中要添加效果的对象，执行"效果 > 栅格化"命令，弹出"栅格化"对话框，如图8-4所示。在"栅格化"对话框中，可以对栅格化选项进行设置。

图 8-4

其中，各选项的作用如下。

● 颜色模型：用于确定在栅格化过程中所用的颜色模型。

● 分辨率：用于确定栅格化图像中的每英寸像素数。

● 背景：用于确定矢量图形的透明区域如何转换为像素。"白色"可用白色像素填充透明区域，选择"透明"可使背景透明。

● 消除锯齿：应用消除锯齿效果，以改善栅格化图像的锯齿边缘外观。

● 创建剪切蒙版：创建一个使栅格化图像的背景显示为透明的蒙版。

● 添加环绕对象：可以通过指定像素值，为栅格化图像添加边缘填充或边框。

设置完成后单击"确定"按钮，矢量对象边缘即出现位图特有的锯齿，如图8-5、图8-6所示。

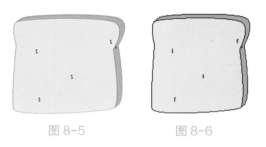

图 8-5　　　　　图 8-6

8.1.3　修改或删除效果

修改或删除效果都可以在"外观"面板中操作。选中已添加效果的对象，如图8-7所示。执行"窗口 > 外观"命令，弹出"外观"面板，如图8-8所示。

图 8-7

图 8-8

在"外观"面板中选择需要修改的效

果名称并单击，即可弹出对应的效果对话框。在效果对话框中设置需要修改的选项，设置完成后单击"确定"按钮，如图8-9所示，即修改完成，效果如图8-10所示。

图 8-9

图 8-10

若要删除效果，选中要删除效果的对象，在"外观"面板中选中需要修改的效果，单击"外观"面板中的"删除"🗑按钮，如图8-11所示。如图8-12所示为删除"涂抹"效果后的图片效果。

图 8-11

165

图 8-12

若想要清除所有效果，选中要删除效果的对象，单击"外观"面板右上角的"菜单"按钮，在弹出的下拉菜单中执行"清除外观"命令，如图8-13所示。

图 8-13

"3D"效果组中的效果可以帮助用户将二维对象创建出三维的效果。执行"效果>3D和材质"命令，在弹出的子菜单中可以执行"凸出和斜角""绕转""膨胀""旋转""材质"以及"3D（经典）"六种命令。其中，"3D（经典）"命令是老版本命令，对于习惯旧版本操作的用户，可选择该选项进行设置。如图8-14所示。

图 8-14

8.2.1　"凸出和斜角"效果

"凸出和斜角"效果可以为对象添加厚度从而创建凸出于平面的立体效果。

选中要添加"凸出和斜角"效果的对象，执行"效果>3D和材质>3D（经典）>凸出和斜角（经典）"命令，弹出"3D凸出和斜角选项（经典）"对话框。如图8-15所示。在对话框中设置参数，完成后按"确定"按钮即可为对象增加效果，如图8-16所示。

图 8-15

图 8-16

其中，部分选项功能如下。

●位置：设置对象如何旋转以及观看对象的透视角度。在下拉列表中提供预设位置选项，也可以通过右侧的三个文本框中进行不同方向的旋转调整，或直接使用鼠标拖拽。

●透视：通过调整该选项中的参数，调整对象的透视效果。数值设置为0°时，没有任何效果，角度越大透视效果越明显。

●凸出厚度：设置对象深度，值为0～2000。

●端点：指定显示的对象是实心（开启端点●）还是空心（关闭端点●）对象。

●斜角：沿对象的深度轴（z轴）应用所选类型的斜角边缘。

●高度：设置1～100的高度值。

●斜角外扩●：将斜角添加至对象的原始形状。

●斜角内缩●：自对象的原始形状砍去斜角。

●表面：控制表面底纹。"线框"绘制对象几何形状的轮廓，并使每个表面透明；"无底纹"不向对象添加任何新的表面属性；"扩散底纹"使对象以一种柔和、扩散的方式反射光；"塑料效果底纹"使对象以一种闪烁、光亮的材质模式反射光。

单击"更多选项"按钮可以查看完整的选项列表，如下所示。

●光源强度：控制光源的强度。

●环境光：控制全局光照，统一改变所有对象的表面亮度。

●高光强度：控制对象反射光的多少。

●高光大小：控制高光的大小。

●混合步骤：控制对象表面所表现出

来的底纹的平滑程度。

●底纹颜色：控制底纹的颜色。

●后移光源按钮●：将选定光源移到对象后面；前移光源按钮●：将选定光源移到对象前面。

●新建光源按钮●：用来添加新的光源。

●删除光源按钮●：用来删除所选的光源。

●保留专色：保留对象中的专色，如果在"底纹颜色"选项中选择了"自定"，则无法保留专色。

●绘制隐藏表面：指定是否绘制隐藏的表面。如果对象透明，或是展开对象并将其拉开时，便能看到对象的背面。

8.2.2 "绕转"效果

"绕转"效果可以将路径或图形沿垂直方向做圆周运动创建3D效果。

选中要添加"绕转"效果的对象，执行"效果>3D>和材质>3D（经典）>绕转（经典）"命令，弹出"3D绕转选项（经典）"对话框。如图8-17所示。在对话框中设置参数，完成后按"确定"按钮即可为对象增加效果，如图8-18所示。

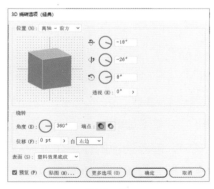

图8-17

167

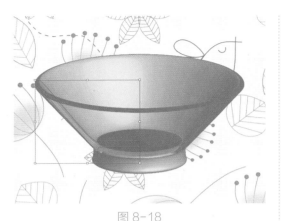

图 8-18

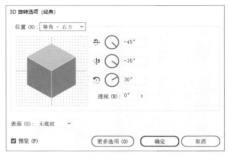

图 8-19

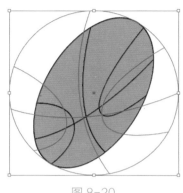

图 8-20

其中，部分选项的作用如下。

●角度：设置 0～360° 的路径绕转度数。

●端点：指定显示的对象是实心（打开端点 ◐ ）还是空心（关闭端点 ◑ ）对象。

●位移：在绕转轴与路径之间添加距离，例如可以创建一个环状对象。

●自：设置对象绕之转动的轴，包括"左边"和"右边"。

●表面：在该下拉列表中选择3D对象表面的质感。

8.2.3 "旋转"效果

"旋转"效果可以对二维或三维对象进行三维空间上的旋转。

选中要添加"旋转"效果的对象，执行"效果 > 3D和材质 > 3D（经典） > 旋转（经典）"命令，弹出"3D旋转选项（经典）"对话框，如图8-19所示。在对话框中设置参数，完成后按"确定"按钮即可为对象增加效果，如图8-20所示。

其中，部分选项的作用如下。

●位置：设置对象如何旋转以及观看对象的透视角度。

●透视：用来控制透视的角度。

●表面：创建各种形式的表面，从黯淡、不加底纹的不光滑表面到平滑、光亮，看起来类似塑料的表面。

知识延伸

新版本中的3D效果选项是将设置对话框更改成选项板模式，其设置参数大致相同，用户可参照老版本的参数设置即可，如图8-21所示"凸出和斜角"设置面板。此外，新版本添加了膨胀和材质两种3D效果。其中，膨胀效果可以使图形或文字呈现出立体感和膨胀感的视觉效果；而材质效果是一种可以让图形或文字呈现出真实材料质感的功能。用户可在材质库中选择不同的材质应用到对象上，系统会自动渲染并显示出最终效果，如图8-22所示。

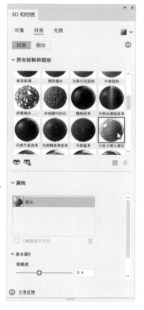

图 8-21   图 8-22

8.3 "扭曲和变换"效果组

"扭曲和变换"效果组中包含有"变换""扭拧""扭转""收缩和膨胀""波纹""粗糙化""自由扭曲"七种效果,如图8-23所示。利用这些效果可以方便地改变对象的形状,但不会改变对象的基本几何形状。

移动、旋转或者镜像等操作。

选中要添加效果的对象,执行"效果>扭曲和变换>变换"命令,弹出"变换效果"对话框,如图8-24所示。在对话框中设置参数,完成后按"确定"按钮即可为对象增加效果,如图8-25所示。

图 8-23

8.3.1 "变换"效果

"变换"效果可以对对象做出缩放、

图 8-24   图 8-25

其中,部分选项的作用如下。

169

● 缩放：在选项区域中分别调整"水平"和"垂直"文本框中的参数值，定义缩放比例。

● 移动：在选项区域中分别调整"水平"和"垂直"文本框中的参数值，定义移动的距离。

● 角度：在文本框中设置相应的数值，定义旋转的角度，或拖拽控制柄进行旋转。

● 对称x、y：勾选该复选框时，可以对对象进行镜像处理。

● 定位器▦：定义变换的中心点。

● 随机：勾选该复选框时，将对调整的参数进行随机变换，而且每一个对象的随机数值并不相同。

8.3.2 "扭拧"效果

"扭拧"效果可以随机地向内或向外弯曲和扭曲所选对象。

选中要添加效果的对象，执行"效果>扭曲和变换>扭拧"命令，弹出"扭拧"对话框，如图8-26所示。在对话框中设置参数，完成后按"确定"按钮即可为对象增加效果，如图8-27所示。

图 8-26

图 8-27

其中，各选项的作用如下。

● 水平：在文本框输入相应的数值，可以定义对象在水平方向的扭拧幅度。

● 垂直：在文本框输入相应的数值，可以定义对象在垂直方向的扭拧幅度。

● 相对：选择该选项时，将定义调整的幅度为原水平的百分比。

● 绝对：选择该选项时，将定义调整的幅度为具体的尺寸。

● 锚点：勾选该复选框时，将修改对象中的锚点。

● "导入"控制点：勾选该复选框时，将修改对象中的导入控制点。

● "导出"控制点：勾选该复选框时，将修改对象中的导出控制点。

8.3.3 "扭转"效果

"扭转"效果可以顺时针或者逆时针扭转对象的形状。

选中要添加效果的对象，执行"效果>扭曲和变换>扭转"命令，弹出"扭转"对话框，如图8-28所示。在对话框中设置扭转的角度，完成后按"确定"

图 8-28

按钮即可为对象增加效果，如图8-29
所示。

图 8-29

8.3.4 "收缩和膨胀"效果

"收缩和膨胀"效果可以以所选对象
的中心点为基点，对对象进行收缩或膨胀
的变形操作。

选中要添加效果的对象，如图8-30
所示。执行"效果＞扭曲和变换＞收缩和
膨胀"命令，弹出"收缩和膨胀"对话
框，如图8-31所示。

图 8-30

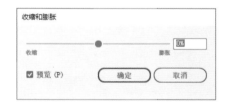

图 8-31

移动该对话框中的滑块，向左移动滑
块即文本框中为负值时，对象进行"收
缩"变形，如图8-32所示；向右移动滑
块即文本框中为正值时，对象进行"膨
胀"变形，如图8-33所示。

图 8-32

图 8-33

8.3.5 "波纹"效果

"波纹"效果可以对路径边缘进行波
纹化的扭曲。若想使路径内外侧分别出
现波纹或锯齿状的线段锚点，可以应用
该效果。

选中要添加效果的对象，执行"效
果＞扭曲和变换＞波纹"命令，弹出"波
纹效果"对话框，如图8-34所示。在对
话框中设置参数，完成后按"确定"按钮
即可为对象增加效果，如图8-35所示。

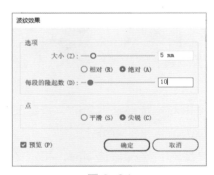

图 8-34

171

图 8-35

其中，各选项的作用如下。

●大小：用于定义波纹效果的尺寸。数值越小，波纹的起伏越小；反之，波纹的起伏越大。如图8-36、图8-37所示分别为大小是4mm和10mm的对比效果。

图 8-36

图 8-37

●相对：选择该选项时，将定义调整的幅度为原水平的百分比。

●绝对：选择该选项时，将定义调整的幅度为具体的尺寸。

●每段的隆起数：通过调整该选项中的参数，定义每一段路径出现波纹隆起的数量。数值越大，波纹越密集。如图8-38、图8-39所示分别为每段的隆起数是10和20的对比效果。

图 8-38

图 8-39

●平滑：选择该选项时，将使波纹的效果比较平滑，如图8-40所示。

●尖锐：选择该选项时，将使波纹的效果比较尖锐，如图8-41所示。

图 8-40

图 8-41

8.3.6 "粗糙化"效果

"粗糙化"效果可以使对象的边缘变形为各种大小的尖峰和凹谷的锯齿，使对象看起来粗糙。

选中要添加效果的对象，执行"效果 > 扭曲和变换 > 粗糙化"命令，弹出"粗糙化"对话框，如图8-42所示。在对话框中设置参数，完成后按"确定"按钮即可为对象增加效果，如图8-43所示。

图 8-42

图 8-43

其中，各选项的作用如下。

● 大小：定义粗糙化效果的尺寸。数值越大，粗糙程度越大。

● 相对：选择该选项时，将定义调整

的幅度为原水平的百分比。

● 绝对：选择该选项时，将定义调整的幅度为具体的尺寸。

● 细节：通过调整该选项中的参数，定义粗糙化细节每英寸出现的数量。数值越大，细节越丰富。

● 平滑：选择该选项时，将使粗糙化的效果比较平滑。

● 尖锐：选择该选项时，将使粗糙化的效果比较尖锐。

8.3.7 "自由扭曲"效果

"自由扭曲"效果可以通过控制一个虚拟的方形控制框的四个角点的位置来改变矢量对象的形状。

选中要添加效果的对象，执行"效果 > 扭曲和变换 > 自由扭曲"命令，弹出"自由扭曲"对话框，如图8-44所示。在对话框中调整对象变形，完成后按"确定"按钮即可为对象增加效果，如图8-45所示。

图 8-44

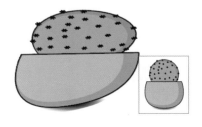

图 8-45

173

　　本案例将练习制作有透视感的文字海报，主要用到的工具包括"文字工具" **T**、"钢笔工具" ✐等。

Step 01 ▶ 新建一个 190mm×250mm 的空白文档，如图 8-46 所示。使用"矩形工具"▢在画板中绘制一个与画板等大的矩形，在属性栏中设置颜色为白色，描边无。使用"钢笔工具" ✐在画板中合适位置绘制梯形，如图 8-47 所示。

Step 02 ▶ 在属性栏中设置颜色和描边，完成后如图 8-48 所示。

图 8-46

Step 03 ▶ 重复上述步骤，并在属性栏中设置颜色和描边，如图 8-49、图 8-50 所示。选中上述步骤中绘制的图形，按 Ctrl+2 组合键锁定。

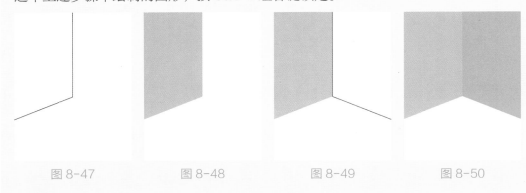

图 8-47　　　　　图 8-48　　　　　图 8-49　　　　　图 8-50

Step 04 ▶ 使用"文字工具" **T** 在画板合适位置输入文字，如图 8-51 所示。选中输入的文字，鼠标右击，在弹出的下拉菜单中执行"创建轮廓"命令，此时输入的文字转成路径，如图 8-52 所示。鼠标右击，在弹出的下拉菜单中执行"取消编组"命令，取消编组。

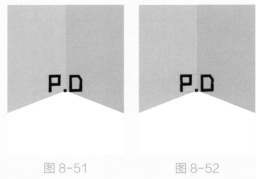

图 8-51　　　　　图 8-52

Step 05 ▶ 选中字母"P"和字母"D"，按住 Alt 键，使用"刻刀" ✐工具将字母分割，调整下各部分位置，如图 8-53 所示。

Step 06 ▶ 选中字母"P"上半部分，执行"效果>扭曲和变换>自由扭曲"命令，弹出"自由扭曲"对话框，在"自由扭曲"对话框中，调整变形，如图 8-54 所示。完成后效果如图 8-55 所示。

Step 07 重复上述操作，调整字母其他部位变形，在属性栏中设置各部位颜色，完成后效果如图 8-56 所示。

图 8-53

图 8-54

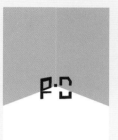
图 8-55

图 8-56

Step 08 使用"文字工具" T 在画板合适位置输入文字，在控制栏中设置颜色，如图 8-57 所示。

Step 09 选中上步中输入的文字，按 Ctrl+G 组合键编组，选中编组文字，执行"效果 > 扭曲和变换 > 自由扭曲"命令，在弹出的"自由扭曲"对话框中，调整变形，设置透视感，如图 8-58 所示。完成后效果如图 8-59 所示。

图 8-57

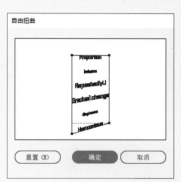
图 8-58

图 8-59

Step 10 选中自由扭曲对象，执行"效果 > 扭曲和变换 > 扭拧"命令，在弹出的"扭拧"对话框中设置参数，如图 8-60 所示。完成后按"确定"按钮即可为对象增加效果，如图 8-61 所示。

Step 11 继续使用"文字工具" T 在画板合适位置输入文字，重复上述操作，效果如图 8-62 所示。

Step 12 使用"文字工具" T 在画板合适位置输入文字，单击"文字工具" T，选中部分单个字母在属性栏中设置颜色，如图 8-63 所示。

Step 13 选中上步中输入的文字，执行"效果 > 扭曲和变换 > 粗糙化"命令，在弹出的"粗糙化"对话框中设置参数，如图 8-64 所示。完成后效果如图 8-65 所示。

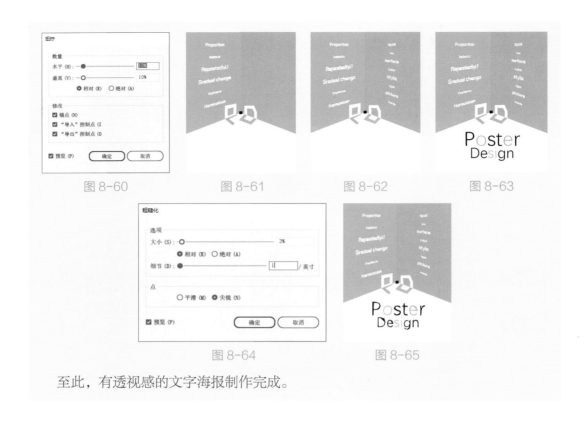

图 8-60　　　　　　图 8-61　　　　　　图 8-62　　　　　　图 8-63

图 8-64　　　　　　图 8-65

至此，有透视感的文字海报制作完成。

8.4 "路径"效果组

"路径"效果组中的效果可以对选中的路径进行移动、将位图转换为矢量轮廓和所选的描边部分转变为图形对象的操作。执行"效果>路径"命令，在弹出的子菜单中可以执行"偏移路径""轮廓化对象""轮廓化描边"三种命令，如图8-66所示。

8.4.1 "偏移路径"效果

"偏移路径"效果可以沿选中路径的轮廓创建新的路径。

选中要添加效果的对象，执行"效果>路径>偏移路径"命令，弹出"偏移路径"对话框，如图8-67所示。在对话框

图 8-66

图 8-67

中设置参数，完成后按"确定"按钮即可为对象增加效果，如图8-68所示。

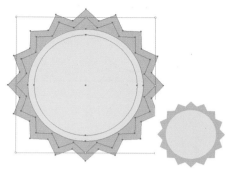

图 8-68

若选择连接"圆角"选项，单击"确定"按钮，效果如图8-69所示；若选择连接"斜角"选项，单击"确定"按钮，效果如图8-70所示。

图 8-69

图 8-70

其中，各选项的作用如下。

●位移：在该文本框中输入相应的数值可以定义路径外扩的尺寸。

●连接：在该选项的下拉列表中选中不同的选项，定义路径转换后的拐角和包头方式，包括斜接、圆角、斜角三种。

●斜接限制：在文本框输入相应的数值，过小的数值可以限制尖锐角的显示。

8.4.2 "轮廓化描边"效果

"轮廓化描边"效果可以将所选的描边部分转变为图形对象，制作更为丰富的效果。

选中对象，执行"效果>路径>轮廓化描边"命令，即可为对象添加"轮廓化描边"效果。

8.4.3 "路径查找器"效果

"路径查找器"效果可以调整所选对象与对象之间的关系。应用"路径查找器"效果之前，首先要对所选对象进行编组，如图8-71所示。然后选中编组对象，执行"效果>路径查找器"命令，在弹出的子菜单中执行相应的命令，如图8-72所示。

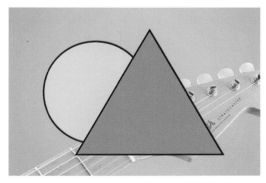

图 8-71

接下来，针对"路径查找器"效果中的子命令进行讲解。

图 8-72

●相加：描摹所有对象的轮廓，得到的图形采用顶层对象的颜色属性，如图8-73所示。

●交集：描摹对象重叠区域的轮廓，如图8-74所示。

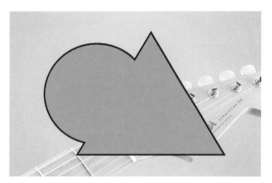

图 8-73

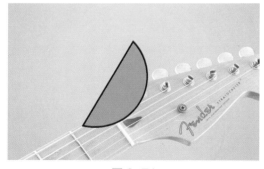

图 8-74

●差集：描摹对象未重叠的区域。若有偶数个对象重叠，则重叠处会变成透明；若有奇数个对象重叠，则重叠的地方会填充颜色。如图8-75、图8-76所示。

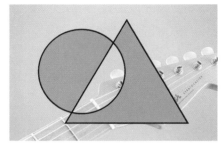

图 8-75

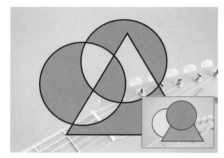

图 8-76

●相减：从后面的对象减去前面的对象，如图8-77所示。

●减去后方对象：从前面的对象减去后面的对象，如图8-78所示。

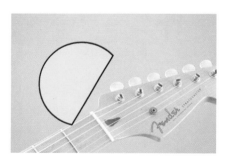

图 8-77

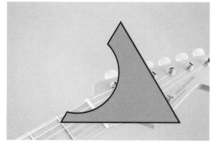

图 8-78

●分割：按照图形的重叠，将图形

分割为多个部分，如图8-79所示。

●修边：删除所有描边，且不会合并相同颜色的对象，如图8-80所示。

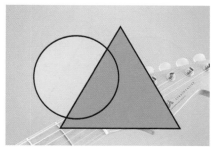

图 8-79

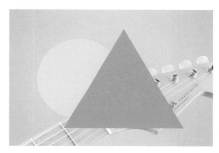

图 8-80

●合并：删除已填充对象被隐藏的部分。它会删除所有描边并且合并具有相同颜色的相邻或重叠的对象，如图8-81所示。

●裁剪：将图稿分割为作为其构成成分的填充表面，删除图稿中所有落在最上方对象边界之外的部分以及删除所有描边，如图8-82所示。

●轮廓：创建出选中对象的边缘，如

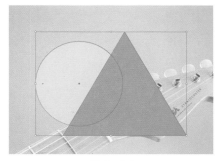

图 8-81

图 8-82

图8-83所示。

●实色混合：通过选择每个颜色组件的最高值来组合颜色，如图8-84所示。

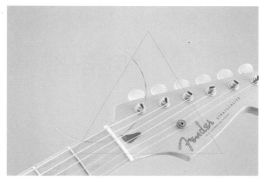

图 8-83

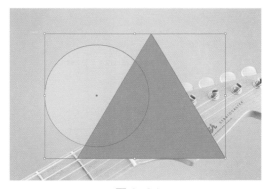

图 8-84

●透明混合：使底层颜色透过重叠的图稿可见，然后将图像划分为其构成部分的表面，如图8-85所示。

●陷印："陷印"命令通过识别较浅色的图稿并将其陷印到较深色的图稿中，为简单对象创建陷印。可以从"路径查找器"面板中应用"陷印"命令，或者将其作为效果进行应用。使用"陷印"效果的好处是可以随时修改陷印设置，如图8-86所示。

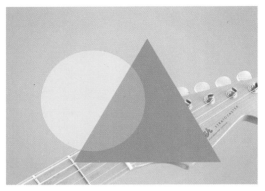

图 8-85

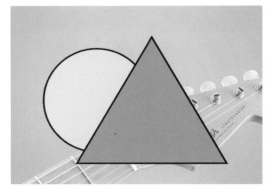

图 8-86

"风格化"效果组中包含有"内发光""圆角""外发光""投影""涂抹""羽化"六种效果。执行"效果>风格化"命令，在弹出的子菜单中可以选择这六种效果，如图8-87所示。

果>风格化>内发光"命令，弹出"内发光"对话框，如图8-88所示。在对话框中设置参数，完成后按"确定"按钮即可为对象增加效果，如图8-89所示。

图 8-87

图 8-88

8.5.1　"内发光"效果

"内发光"效果可以在对象的内部添加亮调以实现内发光效果。

选中要添加效果的对象，执行"效

图 8-89

其中，各选项的作用如下。

●模式：指定发光的混合模式。

●不透明度：在该文本框中输入相应的数值，可以指定所需发光的不透明度百分比。

●模糊：在该文本框中输入相应的数值，可以指定要进行模糊处理之处到选区中心或选区边缘的距离。

●中心：选中该选项时，将创建从选区中心向外发散的发光效果，如图8-90所示。

●边缘：选中该选项时，将创建从选区边缘向内发散的发光效果，如图8-91所示。

图 8-90

图 8-91

8.5.2 "外发光"效果

"外发光"效果可以在对象的外侧创

建发光的效果。

选中要添加效果的对象，执行"效果 > 风格化 > 外发光"命令，弹出"外发光"对话框，如图8-92所示。在对话框中设置参数即可为对象增加效果。如图8-93所示为添加外发光效果的对象。

图 8-92

图 8-93

其中，各选项的作用如下。

●模式：指定发光的混合模式。

●不透明度：在该文本框中输入相应的数值可以指定所需发光的不透明度百分比。

●模糊：在该文本框中输入相应的数值可以指定要进行模糊处理之处到选区中心或选区边缘的距离。

8.5.3 "投影"效果

"投影"效果可以为选中的对象添加投影效果。

选中要添加效果的对象，执行"效果 > 风格化 > 投影"命令，弹出"投影"对话框，如图8-94所示。在对话框中设置参数，完成后按"确定"按钮即可为对象增加效果，如图8-95所示。

图 8-94

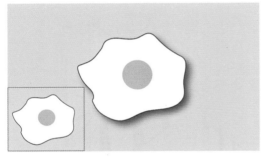

图 8-95

其中，各选项的作用如下。

● 模式：设置投影的混合模式。

● 不透明度：设置投影的不透明度百分比。

● X位移和Y位移：设置投影偏离对象的距离。

● 模糊：设置要进行模糊处理之处距离阴影边缘的距离。

● 颜色：设置阴影的颜色。

● 暗度：设置为投影添加的黑色深度百分比。

8.5.4 "涂抹"效果

"涂抹"效果能够在所选对象的表面

添加画笔涂抹的效果，并且保持原对象的颜色和基本形状。

选中要添加效果的对象，执行"效果 > 风格化 > 涂抹"命令，弹出"涂抹"对话框，如图8-96所示。在对话框中设置参数，完成后按"确定"按钮即可为对象增加效果，如图8-97所示。

图 8-96

图 8-97

其中，各选项的作用如下。

● 设置：使用预设的涂抹效果，从"设置"菜单中选择一种对图形快速进行涂抹效果，如图8-98、图8-99所示为不同设置的效果。

● 角度：在该文本框中输入相应角度，用于控制涂抹线

图 8-98

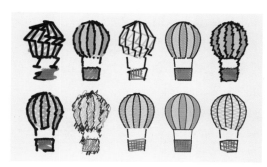

图 8-99

条的方向。

●路径重叠：在该文本框中输入相应数值，用于控制涂抹线条在路径边界内部距路径边界的量或在路径边界外距路径边界的量。负值将涂抹线条控制在路径边界内部，正值则将涂抹线条延伸至路径边界外部。

●变化：在该文本框中输入相应数值，用于控制涂抹线条彼此之间的相对长度差异。

●描边宽度：在该文本框中输入相应数值，用于控制涂抹线条的宽度。

●曲度：在该文本框中输入相应数值，用于控制涂抹曲线在改变方向之前的曲度。

●变化：在该文本框中输入相应数值，用于控制涂抹曲线彼此之间的相对曲度差异大小。

●间距：在该文本框中输入相应数值，用于控制涂抹线条之间的折叠间距量。

●变化：在该文本框中输入相应数值，用于控制涂抹线条之间的折叠间距差异量。

8.5.5 "羽化" 效果

"羽化"效果可以制作对象边缘羽化的不透明度渐隐效果。

选中要添加效果的对象，执行"效果 > 风格化 > 羽化"命令，弹出"羽化"对话框，如图8-100所示。在对话框中设置半径参数，完成后按"确定"按钮即可看到羽化效果，如图8-101所示。

图 8-100

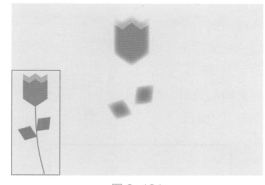

图 8-101

8.6 "转换为形状" 效果组

"转换为形状"效果组包含有"矩形""圆角矩形""椭圆"三种效果。通过

这三种效果，用户可以将矢量对象的形状转换为矩形、圆角矩形、椭圆。

执行"效果 > 转换为形状"命令，在弹出的子菜单中可以选择这三种效果，如图8-102所示。

图 8-102

8.6.1 "矩形"效果

"矩形"效果可以将选中的矢量对象转换为矩形。

选中要添加效果的对象，执行"效果 > 转换为形状 > 矩形"命令，弹出"形状选项"对话框，如图8-103所示。在对话框中设置参数，完成后按"确定"按钮即可为对象增加效果，如图8-104所示。

图 8-103

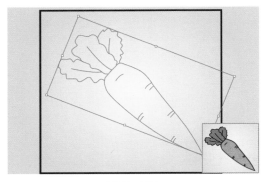

图 8-104

其中，各选项的作用如下。

● 绝对：可以在"宽度"和"高度"文本框中输入数值来定义转换的矩形对象的绝对尺寸，如图8-105所示。

图 8-105

● 相对：可以在"额外宽度"和"额外高度"文本框中输入数值来定义转换的矩形对象添加或减少的尺寸，如图8-106所示。

● 宽度/高度：定义转换的矩形对象的绝对尺寸。选择"绝对"时出现该文本框。

图 8-106

● 额外宽度/额外高度：定义转换的矩形对象添加或减少的尺寸。选择"相对"时出现该文本框。

● 圆角半径：定义圆角尺寸。仅在"圆角矩形"命令中可以修改。

8.6.2 "圆角矩形"效果

"圆角矩形"效果可以将选中的矢量对象转换为圆角矩形。

选中要添加效果的对象，执行"效果 > 转换为形状 > 矩形"命令，弹出"形状选项"对话框，如图8-107所示。在对话框中设置参数，完成后按"确定"按钮即可为对象增加效果，如图8-108所示。

图 8-107

图 8-108

8.6.3 "椭圆"效果

"椭圆"效果可以将选中的矢量对象转换为椭圆。

选中要添加效果的对象，执行"效果＞转换为形状＞矩形"命令，弹出"形状选项"对话框，如图8-109所示。在对话框中设置参数，完成后按"确定"按钮即可为对象增加效果，如图8-110所示。

图 8-109

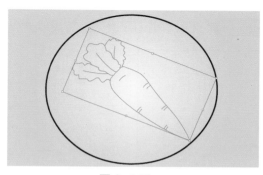

图 8-110

◎ **综合实战** **使用多种效果制作广告海报**

本案例将使用多重效果制作广告海报，主要用到的工具有"矩形工具"▣、"文字工具"T等。

Step 01 ▶ 新建一个 190mm × 250mm 的空白文档，如图 8-111 所示。使用"矩形工具"▣在画板中绘制一个与画板等大的矩形，在属性栏中设置颜色，完成后如图 8-112 所示。

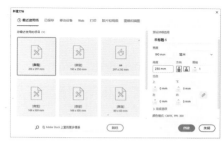

图 8-111   图 8-112

Step 02 ▶ 选中绘制的矩形，执行"效果＞纹理＞颗粒"命令，在弹出的"颗粒"对话框中设置参数，如图 8-113 所示。完成后单击"确定"按钮，效果如图 8-114 所示。选中矩形，按 Ctrl+2 组合键锁定。

Step 03 ▶ 使用"矩形工具"▣在画板中绘制矩形，在属性栏中设置填充和描边，完成

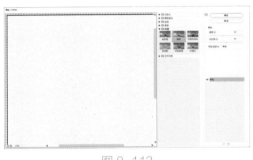

图 8-113   图 8-114

后如图 8-115 所示。

`Step 04` 重复上步在画板中绘制矩形，在属性栏中单击"描边"，在弹出的"描边"面板中设置描边虚线，如图 8-116 所示。完成后效果如图 8-117 所示。

`Step 05` 使用"剪刀工具" ✂ 将虚线框分割并去除不需要的部分，如图 8-118 所示。

图 8-115   图 8-116   图 8-117   图 8-118

`Step 06` 执行"文件 > 置入"命令，在弹出的"置入"对话框中选择素材"草 .png"，取消勾选"链接"复选框，单击"置入"，如图 8-119 所示。

`Step 07` 使用"矩形工具" ▫ 在"草 .png"素材文件上绘制矩形，如图 8-120 所示。

`Step 08` 选中绘制的矩形与"草 .png"素材文件，鼠标右击，在弹出的下拉菜单中执行"建立剪切蒙版"命令，效果如图 8-121 所示。

`Step 09` 选中剪切蒙版文件，执行"效果 > 风格化 > 投影"命令，在弹出的"投影"对话框中设置参数，完成后效果如图 8-122 所示。

图 8-119   图 8-120   图 8-121   图 8-122

Step 10 执行"文件 > 置入"命令，在弹出的"置入"对话框中选择素材"女孩2.png"，取消勾选"链接"复选框，单击"置入"，如图8-123所示。

Step 11 使用"矩形工具"▣在"女孩2.png"素材文件上绘制矩形，如图8-124所示。

Step 12 选中上步中绘制的矩形与"女孩2.png"素材文件，鼠标右击，在弹出的下拉菜单中执行"建立剪切蒙版"命令，效果如图8-125所示。

Step 13 选中新建立的剪切蒙版，执行"效果 > 风格化 > 投影"命令，在弹出的"投影"对话框中设置参数，完成后效果如图8-126所示。

图 8-123　　　　　图 8-124　　　　　图 8-125　　　　　图 8-126

Step 14 使用"文字工具"T在画板中输入文字"童"，在属性栏中调整颜色和字体、字号，完成后如图8-127所示。

Step 15 选中文字"童"，执行"效果 > 3D和材质 > 3D（经典）> 凸出和斜角（经典）"命令，在弹出的"3D凸出和斜角选项（经典）"对话框中设置参数，如图8-128所示。

Step 16 设置完成后单击"确定"按钮，效果如图8-129所示。选中文字"童"，按Ctrl+C组合键和Ctrl+F组合键复制在前面。

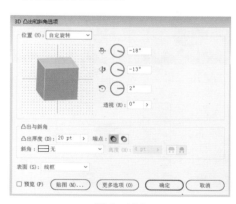

图 8-127　　　　　　　　图 8-128　　　　　　　　图 8-129

Step 17 选中上层的文字，执行"窗口 > 外观"命令，在弹出的"外观"面板中选择"效果 > 3D和材质 > 3D（经典）> 凸出和斜角（经典）"选项，在弹出的"3D凸出和斜角选项（经典）"对话框中设置参数，如图8-130所示。设置完成后单击"确定"按钮，调整下位置和颜色，效果如图8-131所示。

Step 18 重复上述操作，制作文字"年"，效果如图 8-132 所示。

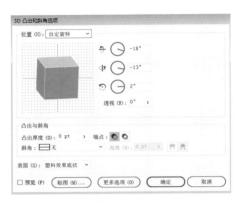

图 8-130　　　　　　　　　图 8-131　　　　　　　　　图 8-132

Step 19 使用"文字工具" T 在画板中合适位置输入文字，如图 8-133 所示。

Step 20 使用"矩形工具" □ 在画板中合适位置绘制矩形，在属性栏中设置颜色，如图 8-134 所示。

Step 21 使用"多边形工具" ◎ 在上步中绘制的矩形上下绘制三角形并填充颜色，如图 8-135 所示。

Step 22 重复上述操作，绘制矩形和三角形，如图 8-136 所示。

图 8-133　　　　　　图 8-134　　　　　　图 8-135　　　　　　图 8-136

Step 23 执行"文件 > 置入"命令，在弹出的"置入"对话框中选择素材"叶子.png"，取消勾选"链接"复选框，单击"置入"，如图 8-137 所示。

Step 24 重复上步，多次置入素材并调整位置，效果如图 8-138 所示。

Step 25 使用"椭圆工具" ◎，

图 8-137　　　　　　　　　图 8-138

按住 Shift 键在画板中绘制正圆，在属性栏中设置颜色，如图 8-139 所示。

Step 26 重复上步，绘制大小不一的正圆，如图 8-140、图 8-141 所示。至此，海报绘制完成。

图 8-139

图 8-140

图 8-141

课后作业 ／ 制作立体字特效海报

项目需求

受某店家委托帮其设计店庆海报，要求简洁生动自然，色彩丰富。

项目分析

通过立体字增加立体感；颜色主题选择了蓝色，给人畅快、清新的感觉，点缀橙色、红色，增加活力。

项目效果

效果如图8-142所示。

图 8-142

操作提示

Step01：输入文字。

Step02：通过3D效果组增加文字立体感。

Step03：绘制装饰物。

桃李不言，下自成蹊

阳光

Ai

第 9 章
外观与样式

⭐ **内容导读**

本章主要对对象的外观与样式进行讲解。通过"外观"面板与"图形样式"面板，用户可以很便捷地为选中的对象添加效果，设计更好的视觉效果。

🔄 **学习目标**

○ 学会使用"透明度"面板
○ 学会使用"外观"面板
○ 学会应用与新建图层样式

9.1　"透明度"面板

"透明度"面板中可以调整对象的不透明度、混合模式以及制作不透明蒙版等。执行"窗口 > 透明度"命令，即可弹出"透明度"面板，如图9-1所示。

图 9-1

其中，各选项的作用如下。

● 混合模式：设置所选对象与下层对象的颜色混合模式。

● 不透明度：通过调整数值控制对象的透明效果，数值越大对象越不透明；数值越小，对象越透明。

● 对象缩略图：所选对象缩略图。

● 不透明度蒙版：显示所选对象的不透明度蒙版效果。

● 剪切：将对象建立为当前对象的剪切蒙版。

● 反相蒙版：将当前对象的蒙版颜色反相。

● 隔离混合：选择该选项可以防止混合模式的应用范围超出组的底部。

● 挖空组：启用该选项后，在透明挖空组中，元素不能透过彼此而显示。

● 不透明度和蒙版用来定义挖空形状：使用该选项可以创建与对象不透明度成比例的挖空效果。在接近100% 不透明度的蒙版区域中，挖空效果较强；在具有较低不透明度的区域中，挖空效果较弱。

操作提示

单击属性栏中的"不透明度"按钮，即可显示"透明度"面板，如图9-2所示。

图 9-2

9.1.1　混合模式

混合模式是当前对象与底部对象以一种特定的方式进行混合，以达到需要的画面效果的操作。

选中任意对象，按Ctrl+C组合键和Ctrl+F组合键复制在前面。执行"窗口 > 透明度"命令，弹出"透明度"面板，在"透明度"面板中单击"混合模式"按钮，在弹出的下拉菜单中选择混合模式，如图 9-3所示。

图 9-3

191

（1）正常

默认情况下，图形的混合模式为"正常"，即选择的图形不与下方的对象产生混合效果，如图9-4所示。

（2）变暗

选择基色或混合色中较暗的一个作为结果色。比混合色亮的区域会被结果色所取代，比混合色暗的区域将保持不变，如图9-5所示。

图 9-4

图 9-5

（3）正片叠底

将基色与混合色混合，得到的颜色比基色和混合色都要暗。将任何颜色与黑色混合都会产生黑色；将任何颜色与白色混合则颜色保持不变，如图9-6所示。

（4）颜色加深

通过增加上下层对象之间的对比度来使像素变暗，与白色混合后不产生变化，如图9-7所示。

图 9-6

图 9-7

（5）变亮

选择基色或混合色中较亮的一个作为结果色。比混合色暗的区域将被结果色所取代。比混合色亮的区域将保持不变，如图9-8所示。

（6）滤色

将基色与混合色的反相色混合，得到的颜色比基色和混合色都要亮。将任何颜色与黑色混合则颜色保持不变；将任何颜色与白色混合都会产生白色，如图9-9所示。

图 9-8

图 9-9

（7）颜色减淡

通过减小上下层图像之间的对比度来提亮底层图像的像素，如图9-10所示。

（8）叠加

对颜色进行过滤并提亮上层图像，具体取决于基色。图案或颜色叠加在现有的图稿上，在与混合色混合以反映原始颜色的亮度和暗度的同时，保留基色的高光和阴影，如图9-11所示。

图 9-10

图 9-11

（9）柔光

使颜色变暗或变亮，具体取决于混合色。若上层图像比50％灰色亮，则图像变亮；若上层图像比50％灰色暗，则图像变暗，如图9-12所示。

（10）强光

对颜色进行过滤，具体取决于混合色即当前图像的颜色。若上层图像比50％灰色亮，则图像变亮；若上层图像比50％灰色暗，则图像变暗，如图9-13所示。

图 9-12

图 9-13

（11）差值

从基色减去混合色或从混合色减去基色，具体取决于哪一种的亮度值较大。与白色混合将反转基色值，与黑色混合则不发生变化，如图9-14所示。

（12）排除

创建一种与"差值"模式相似但对比度更低的效果。与白色混合将反转基色分量，与黑色混合则不发生变化，如图9-15所示。

193

图 9-14

图 9-15

（13）色相

用基色的亮度和饱和度以及混合色的色相创建结果色，如图9-16所示。

图 9-16

（14）饱和度

用基色的亮度和色相以及混合色的饱和度创建结果色，在饱和度为0的灰度区域上应用此模式着色不会产生变化，如图9-17所示。

图 9-17

（15）混色

用基色的亮度以及混合色的色相和饱和度创建结果色。这样可以保留图稿中的灰阶，对于给单色图稿上色以及给彩色图稿染色都会非常有用，如图9-18所示。

（16）明度

用基色的色相和饱和度以及混合色的亮度创建结果色，如图9-19所示。

图 9-18

图 9-19

9.1.2 不透明度

不透明度指的是对象半透明的程度，

常用于多个对象融合效果的制作。

选中对象，执行"窗口>透明度"命令，弹出"透明度"面板，在"透明度"面板中可以设置选中对象的不透明度，默认不透明度是100%，如图9-20所示。

在"不透明度"文本框中输入数值，数值越低对象就越透明，或者单击 ▶ 状按钮拖动滑块来更改"不透明度"数值。如图9-21所示为"不透明度"为30%时的效果。

图 9-20

图 9-21

9.2　"外观"面板

"外观"面板中显示有所选对象的描边、填充等属性。若为选中的对象添加了效果，那么该效果也会显示在"外观"面板中。

9.2.1　认识"外观"面板

执行"窗口>外观"命令，或按Shift+F6组合键，即可弹出"外观"面板。在该面板中会显示选中对象的外观属性，用户也可以通过该面板编辑和调整选中对象的外观效果，如图9-22所示。

其中，部分选项作用如下。

●单击切换可视性 ◉：用于切换属性或效果的显示与隐藏。◉ 为显示状态；　为隐藏状态。

●添加新描边 ▫：为选中的对象添加新的描边。

●添加新填色 ▪：为选中的对象添加新的填色。

●添加新效果 fx.：为选中的对象添加新的效果。

●清除外观 ◌：清除选中对象的外观属性与效果。

图 9-22

195

● 复制所选项目 ■：在"外观"面板中复制选中的属性。

● 删除所选项目 ■：在"外观"面板中删除选中的属性。

在"外观"面板中，可以快速修改对象的基本属性或者效果。

（1）填色

选中画板中的矢量对象，如图9-23所示。按Shift+F6组合键，弹出"外观"面板，在该面板中可以看到选中对象的属性，如图9-24所示。

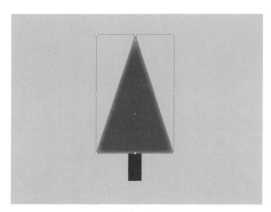

图 9-23

图 9-24

单击"填色"属性，在弹出的面板中选择颜色，如图9-25所示，即可看到

选中对象的颜色发生了变化，如图9-26所示。

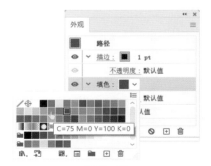

图 9-25

图 9-26

（2）描边

"描边"属性的修改与"填色"属性类似。

若想新建一个描边，可以单击"外观"面板中的"添加新描边" □ 按钮，即可在"外观"面板中新建一条描边属性，如图9-27所示。选中新建的描边，为其设置颜色和宽度，即可在画板中看到所选对象发生了相应的变化，如图9-28所示。

图 9-27

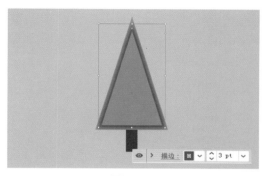

图 9-28

（3）效果

单击"外观"面板中的效果名称，即可弹出对应的效果对话框以进行修改，如图9-29所示。在相应的效果对话框中修改参数后，即可在画板中看到所选对象发生了相应的变化，如图9-30所示。

图 9-29

9.2.3　管理对象外观属性

通过"外观"面板可以调整外观属性和效果的顺序，以达到不同的展示效果。

选择需要调整顺序的"层"，按住鼠标拖拽到需要调整的位置后，松开鼠标即可调整其排列顺序，如图9-31所示。调整完成后，效果也会发生相应的变化，如图9-32所示。

图 9-31

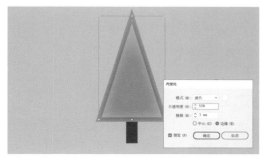

图 9-30

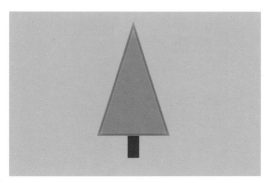

图 9-32

9.3　"图形样式"面板

"图形样式"面板中包含一系列已经设置好的外观属性，使用图形样式库只需单击一下即可为对象赋予不同的效果。执行"窗口＞图形样式"命令，弹出"图形样式"面板，如图9-33所示。

197

图 9-33

9.3.1 应用图形样式

选中画板中的对象，执行"窗口 > 图形样式"命令，弹出"图形样式"面板，如图9-34所示。单击"图层样式"面板中的样式按钮，即可为选中的对象赋予图形样式，如图9-35所示。

图 9-34

图 9-35

若对"图形样式"面板的样式不满意，单击"图层样式"面板左下角的"图形样式库菜单"🔖按钮，或执行"窗口 > 图形样式库"命令，即可打开样式库列

表，如图9-36所示。选中任一样式库，在弹出的面板中单击样式即可为对象赋予图层样式，如图9-37所示。

图 9-36

图 9-37

操作提示

当为对象赋予图形样式后，该对象和图形样式之间就建立了"链接"关系。当对该对象外观进行设置时，同时会影响到相应的样式。

单击"图形样式"面板中的"断开图形样式连接" 🔗 按钮，即可断开链接。

如果要删除"图形样式"面板中的样式，可以选中图形样式，单击"删除" 🗑 按钮。

9.3.2 新建图形样式

若对现有的图层样式不满意，可以根据自己的需要创建新的图层样式。

选中需要创建图层样式的图形，如图9-38所示。执行"窗口＞图形样式"命令，弹出"图层样式"面板，单击"图层样式"面板中的"新建图形样式" ■ 按钮，即可创建新的图层样式，如图9-39所示。

图 9-38

图 9-39

定义完图形样式后，关闭该文档后定义的图形样式就会消失。如果要将图形样式永久保存，可将相应的样式保存为样式库，以后随时调用该样式库，即可找到相应的样式。

选中需要保存的图形样式，单击"菜单" ■ 按钮，执行"存储图形样式库"命令，在弹出的窗口中设置一个合适的名称，单击"保存"按钮，如图9-40所示。

若要找到存储的图形样式，可以单击"图层样式库菜单" ■ 按钮，执行"用户定义"命令即可看到存储的图形样式，如图9-41所示。

图 9-40

图 9-41

9.3.3 合并图形样式

若想要合并多个图形样式以得到新的图形样式，可以按住Ctrl键单击要合并的多个图形样式，然后单击"菜单" ■ 按钮，在弹出的下拉菜单中执行"合并图形样式"命令，如图9-42所示。

在弹出的"图形样式选项"对话框中设置名称，单击"确定"按钮即可合并图形样式，如图9-43所示。

图 9-42

199

图 9-43

新建的图形样式将包含所选图形样式的全部属性，并将被添加到面板中图形样

式列表的末尾，如图9-44所示。

图 9-44

综合实战 设计网页广告

本案例将练习设计网页广告，涉及的知识点包括"矩形工具"■、"文字工具"**T**、"外观"面板、"透明度"面板等。

Step 01 新建一个 1024px × 768px 的空白文档，如图 9-45 所示。执行"文件 > 置入"命令，在弹出的"置入"对话框中选择素材"背景 73.jpg"，取消勾选"链接"复选框，单击"置入"，如图 9-46 所示。

图 9-45

图 9-46

Step 02 调整置入素材大小，如图 9-47 所示。

Step 03 使用"矩形工具"■在画板中绘制一个和画板等大的矩形，如图 9-48 所示。

图 9-47

图 9-48

Step 04 选中置入素材和上步中绘制的矩形，鼠标右击，在弹出的下拉菜单中执行"建立剪切蒙版"命令，效果如图 9-49 所示。

Step 05 使用"矩形工具"■在画板中绘制一个和画板等大的矩形，如图 9-50 所示。

图 9-49

图 9-50

右击，在弹出的下拉菜单中执行"建立复合路径"命令，效果如图 9-54 所示。

图 9-52

图 9-53

Step 06 选中上步中绘制的矩形，执行"窗口 > 透明度"命令，弹出"透明度"面板，在"透明度"面板中单击"混合模式"按钮，在弹出的下拉菜单中选择"柔光"混合模式，效果如图 9-51 所示。选中置入素材与上步中的矩形，按 Ctrl+2 锁定。

图 9-51

图 9-54

Step 10 选中该复合路径，执行"窗口 > 透明度"命令，弹出"透明度"面板，在"透明度"面板中可以设置不透明度为 80%，效果如图 9-55 所示。

Step 07 使用"矩形工具" ▫ 在画板中合适位置绘制矩形，如图 9-52 所示。

Step 11 使用"矩形工具" ▫ 在复合路径内部绘制矩形，如图 9-56 所示。

Step 08 重复上步骤，绘制稍大的矩形，如图 9-53 所示。

Step 12 选中上步中绘制的矩形，执行"窗口 > 透明度"命令，弹出"透明度"面板，在"透明度"面板中可以设置不透

Step 09 选中未锁定的图形对象，鼠标

明度为 80%，效果如图 9-57 所示。

图 9-55

图 9-56

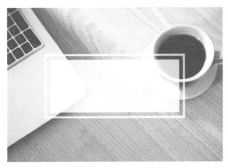

图 9-57

Step 13 使用"文字工具" **T** 在矩形中输入文字，如图 9-58 所示。

图 9-58

Step 14 选中上步中输入的文字，执行

"窗口 > 图形样式库 > 图像效果"命令，在弹出的"图像效果"面板中选择"前面阴影"样式，如图 9-59 所示。文字效果如图 9-60 所示。

图 9-59

图 9-60

Step 15 重复上述步骤，输入文字并设置样式，如图 9-61、图 9-62 所示。

图 9-61

图 9-62

至此，网页广告设计完成。

课后作业 / 设计插画杂志封面

项目需求

受某杂志社委托帮其设计插画杂志封面，要求颜色生动自然有活力。

项目分析

名称位于上方留白处，清晰醒目；下方大部分区域绘制插画图案，符合主题，同时饱满画面；颜色主体选用绿色，富有生气。

项目效果

效果如图9-63所示。

操作提示

Step01：输入文字。

Step02：使用矩形工具背景。

Step03：使用钢笔工具绘制装饰，并通过不透明度面板、外观面板等装饰。

图 9-63

第 10 章
打印、输出和Web图形

★ 内容导读

本章主要对 Illustrator 软件中的打印和网页输出来进行讲解。通过
Illustrator 软件设计作品后，往往会根据实际需要将其导出或者打印
出来。而根据设计需求的不同，输出方式也有所变化。通过本章节
的学习，可以帮助用户了解不同输出的操作方法。

◆ 学习目标

○ 学会导出不同格式的文件
○ 学会打印文件
○ 学会输出网页图形

10.1 导出 Illustrator 文件

Illustrator软件中绘制的对象，可以通过"导出"转换为普通格式的图像文件，以方便用户的查看。

在Illustrator软件中，导出有"导出为多种屏幕所用格式""导出为"和"存储为Web所用格式（旧版）"三种方式。执行"文件 > 导出"命令，在弹出的列表中即可选择这三种导出方式，如图10-1所示。

图 10-1

10.1.1 导出图像格式

图像格式包含有位图格式和矢量图格式两种。

位图图像格式包括带图层的".pdf"格式、".jpg"格式以及".tif"格式；矢量图格式则分为".pdf"格式、".jpg"格式、".tif"格式、".png"格式、".dwg"格式等。通过执行"文件 > 导出 > 导出为"命令，弹出"导出"对话框，设置文件名称与保存类型后单击"导出"按钮即可导出图像格式的文件，如图10-2所示。

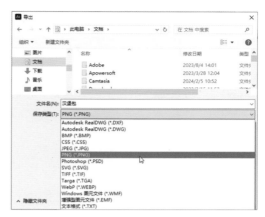

图 10-2

（1）".pdf"格式

".pdf"格式是标准的Photoshop格式，如果文件中包含不能导出到Photoshop格式的数据，Illustator软件可通过合并文档中的图层或栅格化文件，保留文件的外观。它是一种包含了源文件内容的图片形式的格式，可用于直接打印的一种格式。

（2）".jpg"格式

".jpg"格式是在Web上显示图像的标准格式，是可以直接打开图片的格式。

（3）".tif"格式

".tif"格式是标记图像文件格式，用于在应用程序和计算机平台间交换文件。

（4）".bmp"格式

".bmp"格式是Windows操作系统中的标准图像文件格式，该格式包含丰富的图像信息，但占用内存较大。

10.1.2 导出AutoCAD格式

执行"文件 > 导出 > 导出为"命令，

205

弹出"导出"对话框，如图10-3所示。选择保存类型为"AutodeskRealDWG（*.DWG）"，单击"导出"按钮，弹出"DXF/DWG导出选项"对话框，如图10-4所示。设置相关选项后单击"确定"按钮即可导出AutoCAD格式文件。

图 10-3

图 10-4

10.2 打印 Illustrator 文件

Illustrator软件中创作的各类设计作品可以直接输出打印。在Illustrator软件的打印输出中，可以进行调整颜色、设置页面、添加印刷标记和出血等操作。

10.2.1 认识打印

执行"文件>打印"命令，弹出"打印"对话框，如图10-5所示。在"打印"对话框中可以设置打印选项，指导完成文档的打印过程。设置完成后单击"打印"按钮即可打印。

接下来，对"打印"对话框中的部分选项进行讲解。

● 打印预设：用来选择预设的打印设置。

● 打印机：在下拉列表中可以选择打

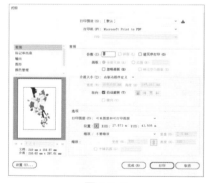

图 10-5

印机。

● 存储打印设置 ±：单击该按钮可以弹出"存储打印预设"窗口。

● 设置：用于设置打印常规选项以及纸张方向等。

● 常规：设置页面大小和方向，指定要打印的页数，缩放图稿，指定拼贴选项以及选择要打印的图层。

●标记和出血：选择印刷标记与创建出血。

●输出：创建分色。

●图形：设置路径、字体、Post-Script 文件、渐变、网格和混合的打印选项。

●色彩管理：选择一套打印颜色配置文件和渲染方法。

●高级：控制打印期间的矢量图稿拼合（或可能栅格化）。

●小结：查看和存储打印设置小结。

10.2.2 关于分色

在Illustrator软件中，将图像分为两种或多种颜色的过程称为分色，用来制作印版的胶片称为分色片。

为了重现彩色和连续色调图像，印刷上通常将图稿分为四个印版（印刷色），分别用于图像的青色、洋红色、黄色和黑色四种原色；还可以包括自定油墨（专色）。在这种情况下，要为每种专色分别创建一个印版。当着色恰当并相互套准打印时，这些颜色组合起来就会重现原始图稿。

执行"文件>打印"命令，在弹出的"打印"对话框中选择打印机，选择"输出"选项，如图10-6所示。接着在"打印"对话框中设置参数，完成后单击"打印"按钮，即可。

10.2.3 设置打印页面

在"打印"对话框中，选择左侧设置选项，即可分别弹出相应的设置面板，在

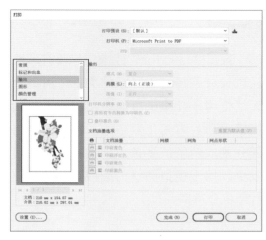

图 10-6

相应的设置面板中可对需要打印的文件进行设置。以"标记和出血"设置面板为例，如图10-7所示。

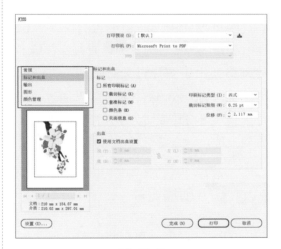

图 10-7

其中，一些选项作用如下。

●重新定位页面上的文件：在"打印"对话框中的预览框内，可显示页面中的文件打印位置，在"打印"对话框左下角的预览图像中可以拖动作品。

●印刷标记和出血：为了方便打印文件，在打印前可以为文件添加印刷标记和出血设置，通过"标记和出血"选项设置各个参数。

10.2.4　打印复杂的长路径

若在Illustrator软件中，想要打印路径过长或路径过于复杂的文件，可能会无法打印，打印机可能会发出极限检验报错消息。为简化复杂的长路径，可将其分割成两条或多条单独的路径，还可以更改用于模拟曲线的线段数，并调整打印机分辨率。

10.3　创建 Web 文件

网页设计中，图稿中含有文本、位图、矢量图等多种元素，若直接保存后上传网络会由于图片过大影响网页打开速度。在Illustrator软件中，可以通过"切片工具" 将其裁切为小尺寸图像存储，方便上传。

图 10-8

图 10-9

10.3.1　创建切片

"切片工具" 可以将完整的网页图像划分为若干较小的图像，这些图像可在Web页上重新组合。在输出网页时，可以对每块图形进行优化。创建切片有四种方式。

（1）使用"切片工具" 创建切片

单击工具箱中的"切片工具" ，在图像上按住鼠标拖动，绘制矩形框，如图10-8所示。释放鼠标后画板中将会自动形成相应的版面布局，效果如图10-9所示。

（2）从参考线创建切片

若文件中包含有参考线，即可创建基于参考线的切片。执行"视图>标尺>显示标尺"命令或按Ctrl+R组合键，显示标尺，拉出参考线，如图10-10所示。然后执行"对象>切片>从参考线创建"命令，即可从参考线创建切片，如图10-11所示。

图 10-10

图 10-11

（3）从所选对象创建切片

选中画板中的图形对象，执行"对象>切片>从所选对象创建"命令，即可根据选中图像的最外轮廓划分切片，如图10-12所示。选中图形对象，将其移动到任何位置，都会从所选对象的周围创建切片，如图10-13所示。

图 10-12

图 10-13

10.3.2 编辑切片

创建出的切片还可以进行选择、调整、隐藏、删除、锁定等操作。

（1）选择切片

鼠标右击"切片工具" 按钮，在弹出的工具组中单击"切片选择工具" 按钮，在图像中单击即可选中切片，如图10-14所示。若想选中多个切片，可以按住Shift键单击其他切片，如图10-15所示。

图 10-14

图 10-15

（2）调整切片

若执行"对象>切片>建立"命令创建切片，切片的位置和大小将捆绑到它所包含的图稿。若移动图像或调整图像大小，切片边界也会自动进行调整。

（3）删除切片

若要删除切片，使用"切片选择工具" 选中切片后，按Delete键删除即可，如图10-16、图10-17所示。

图 10-16

图 10-17

也可以在选中切片后，执行"对象 > 切片 > 释放"命令，即可将切片释放为一个无填充无描边的矩形，如图10-18、图10-19所示。

图 10-18

图 10-19

若要删除所有切片，执行"对象 > 切片 > 全部删除"命令即可。

（4）隐藏和显示切片

执行"视图 > 隐藏切片"命令，即可在插图窗口中隐藏切片；执行"视图 > 显示切片"命令，即可在插图窗口中显示隐藏的切片。

（5）锁定切片

执行"视图 > 锁定切片"命令，即可锁定所有的切片。若想锁定单个切片，在"图层"面板中单击切片的编辑列即可。

（6）设置切片选项

切片选项确定了切片内容如何在生成的网页中显示，以及如何发挥作用。选中要定义的切片，执行"对象 > 切片 > 切片选项"命令，即可弹出"切片选项"对话框，如图10-20所示。

图 10-20

其中，各选项作用如下。

●切片类型：设置切片输出的类型，即在与HTML文件同时导出时，切片数据在Web中的显示方式。

●名称：设置切片的名称。

●URL：设置切片链接的Web地址（仅限用于"图像"切片），在浏览器中单击切片图像时，即可链接到这里设置的网址和目标框架。

●目标：设置目标框架的名称。

●信息：设置出现在浏览器中的信息。

●替代文本：设置出现在浏览器中的该切片（非图像切片）位置上的字符。

●背景：选择一种背景色填充透明区域或整个区域。

10.3.3 导出切片图像

在Illustrator软件中制作完成网页图像后，首先要创建切片，然后执行"文件 > 导出 > 存储为Web所用格式（旧版）"命令，弹出"存储为Web所用格式"对话框，如图10-21所示。选择右下角"所有切片"选项，将切割后的网页单个保存起来，效果如图10-22所示。

其中，部分选项作用如下。

●显示方法：选择"原稿"选项卡，

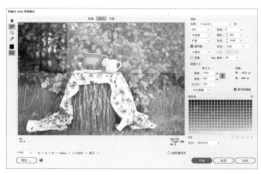

图 10-21

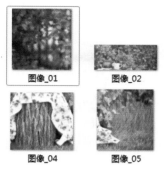

图 10-22

图像窗口中只显示原始图像；选择"优化"选项卡，图像窗口中只显示优化的图像；选择"双联"选项卡，图像窗口中会显示优化前和优化后的图像。

●缩放工具：选中该工具单击图像窗口即可放大显示比例。按住Alt键单击图像窗口即可缩小显示比例。

●切片选择工具：使用该工具可以选择单独的切片以进行优化。

●吸管工具：用于拾取图像颜色。

●吸管颜色：用于显示"吸管工具"拾取的颜色。

●切换切片可见性：激活该选项，切片才会显示在窗口中。

●优化菜单：用于存储优化设置、设置优化文件大小等。

●颜色表：用于优化设置图像的颜色。

●状态栏：用于显示光标所在位置图像的颜色值等信息。

10.4 创建 Adobe PDF 文件

便携文档格式（PDF）是一种通用的文件格式。这种文件格式保留了由各种应用程序和平台上创建的源文件的字体、图像以及版面。Illustrator软件可以创建不同类型的

PDF文件，如多页PDF、包含图层的PDF和PDF/x兼容的文件等。

执行"文件 > 存储为"命令，选择Adobe PDF（*.PDF）作为文件格式，如图10-23所示。单击"保存"按钮，弹出"存储Adobe PDF"对话框，如图10-24所示。设置参数后，单击"存储PDF"按钮即可创建PDF文件。

图 10-23

图 10-24

"存储Adobe PDF"对话框中的选项，与"打印"对话框中的部分选项相同。前者特有的是选项除了PDF的兼容性外，还包括PDF的安全性。在该对话框左侧列表中，选择"安全性"选项后，即可在对话框右侧显示相关的选项，通过该选项的设置，能够为PDF文件的打开与编辑添加密码。

本案例将练习使用"切片工具" ✎ 进行网页切片，涉及的知识点包括"切片工具" ✎ 和"导出"命令。

扫一扫 看视频

Step 01 执行"文件 > 打开"命令，打开素材"切片素材 .ai"，如图10-25所示。

Step 02 单击工具箱中的"切片工具" ✎ 按钮，在画板中绘制切片，如图10-26所示。

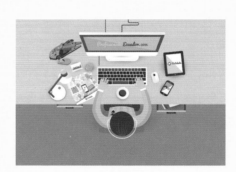

图 10-25

图 10-26

Step 03 重复上步，继续绘制切片，如图10-27所示。

Step 04 执行"文件 > 导出 > 存储为Web 所用格式（旧版）"命令，弹出"存储为 Web 所用格式"对话框，设置优化格式为 GIF，选择导出"所有切片", 单击"存储"按钮, 如图 10-28 所示。

图 10-27

图 10-28

 Step 05 在弹出的"将优化结果存储

为"对话框中选择合适的存储位置, 如图 10-29 所示。单击"保存"按钮, 即可存储切片, 如图 10-30 所示。

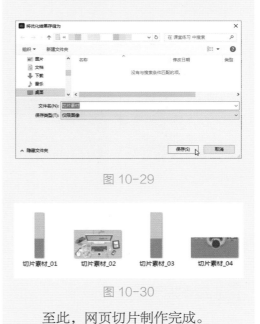

图 10-29

切片素材_01　　切片素材_02　　切片素材_03　　切片素材_04

图 10-30

至此, 网页切片制作完成。

课后作业 / 设计购物首页并导出切片图像

项目需求

受某购物网站委托帮其设计首页, 要求简洁大气, 符合网站特性。整体色调明亮, 给人愉悦的体验。

项目分析

主体选用黄色, 明亮而欢快; 点缀白色, 使整体显得干净温馨; 搭配小商品等装饰物, 增加视觉效果; 购物的女生则更有代入感。

项目效果

效果如图10-31、图10-32所示。

图 10-31

购物网站_01   购物网站_02   购物网站_03

图 10-32

操作提示

Step01：使用矩形工具绘制背景。

Step02：使用钢笔工具绘制装饰物。

Step03：输入文字。